无障碍设施建设技术手册

WUZHANG'AI SHESHI JIANSHE
JISHU SHOUCE

住房和城乡建设部标准定额研究所
中国建筑标准设计研究院有限公司　主编

中国计划出版社
北　京

图书在版编目（CIP）数据

无障碍设施建设技术手册 / 住房和城乡建设部标准定额研究所，中国建筑设计研究院有限公司主编. -- 北京 : 中国计划出版社，2022.12
ISBN 978-7-5182-1295-8

Ⅰ. ①无… Ⅱ. ①住… ②中… Ⅲ. ①城市公用设施－建设－技术手册 Ⅳ. ①TU998-62

中国版本图书馆CIP数据核字(2022)第218292号

责任编辑：沈　建　　封面设计：韩可斌
责任校对：杨奇志　谭佳艺　　责任印制：李　晨　王亚军

中国计划出版社出版发行
网址：www.jhpress.com
地址：北京市西城区木樨地北里甲 11 号国宏大厦 C 座 3 层
邮政编码：100038　电话：（010）63906433（发行部）
北京汇瑞嘉合文化发展有限公司印刷

787mm×1092mm　1/16　10.75 印张　127 千字
2022 年 12 月第 1 版　2022 年 12 月第 1 次印刷

定价：60.00 元

本书编写人员名单

编写委员会： 姚天玮　曾宪新　胡传海　施　鹏　李大伟
刘慧玉　姚　涛　毛　凯　刘大同　刘　咏
秦咸悦　张　宏　王　攀　刘　彬　马书政
周京京　张惠峰

编　　审： 住房和城乡建设部标准定额研究所　胡传海
高　鹏

编写人员： 住房和城乡建设部标准定额研究所　刘　咏
张乐倩　于思琪　刘　彬　王　敏　曲　径
韩　松　王书鹏　徐梦熊
中国建筑标准设计研究院有限公司　代丹丹
陈伯如　郑　阳　徐　韬　张大伟　姜登础
姜志明

前　言

习近平总书记指出：无障碍设施建设问题，是一个国家和社会文明的标志，要高度重视。2021年7月，国务院印发《“十四五”残疾人保障和发展规划》，把“保障残疾人平等权利，为残疾人提供无障碍环境和便利化条件”作为重点任务之一，提出提升无障碍设施建设管理水平，要求新建设施严格执行无障碍相关标准规范，在乡村建设行动、城市更新行动、城镇老旧小区改造和居住社区建设中统筹推进无障碍设施建设和改造，城市道路、公共交通、社区服务设施、公共服务设施和残疾人服务设施、残疾人集中就业单位等加快开展无障碍设施建设和改造，加快推广无障碍公共厕所。

无障碍设施对提升城乡人居环境品质、提高人民生活质量具有重要意义，不仅为残疾人、老年人平等参与社会生活提供了必要条件，也为全体社会成员的工作生活提供了种种便利。我国高度重视无障碍建设工作，持续推动全国各地开展无障碍环境创建，在各级政府和有关部门的不懈努力下，无障碍设施从无到有、覆盖范围不断扩大，缘石坡道、无障碍出入口、低位服务设施等各类无障碍设施在居民的日常生活中越来越普及，越来越多有需求的人感受到无障碍设施带来的便利。为了更快、更好地建设无障碍环境，满足人民群众对美好生活的愿望，针对无障碍设施建设中原理理解不到位、要素不全、细节不符合要求、系统性待提升等常见问题，我们开展了《无障碍设施建设技术手册》(以下简称《手册》)的编制。

《手册》依据现行国家法律法规、国家标准、行业标准的相关内容，采取图文搭配的阐述方式，在居民的最初需求和建设的最终要求之间进行递进分析，推导给出标准规范的要求。对于现行国家标准、行业标准中未涉及的内容，《手册》给出了参考资料和参考建议。《手册》第1章进行了无障碍需求分析，研究视力残疾者、听力残疾者、言语残疾者、肢体残疾者、老年人等特定群体的行为特征及需求；第2章进行了人体和辅具基本尺寸分析，研究人体工程学尺寸、辅具尺寸与无障碍设施的关系；第3章明确了无障碍设施的尺寸边界；第4章依据《建筑与市政工程无障碍通用规范》GB 55019—2021和《无障碍设计规范》GB 50763—2012，明确了无障碍设施的设计要求；第5章依据《无障碍设计规范》GB 50763—2012及其他现行标准规范，明确了公共场所无障碍设计要点；第6章依据现有资料归纳了居家适老化改造要点；第7章总结了部分无障碍建筑产品的选用要点。

在我国居民不断提高社会生活质量的过程中，希望《手册》为工程技术人员做好公共场所无障碍设计、施工提供便利，帮助工程技术人员把握关键要素和尺寸，正确理解和执行标准规范，不断提升无障碍设施建设质量，同时为残疾人、老年人家庭改善居家生活环境提供参考，帮助有需要的人简明、直观地理解家庭无障碍改造要素，减少居家环境改造困扰。

目　　录

1 障碍类别与需求

无障碍设施应满足有需求的人的使用要求，消除他们在社会生活中的障碍。为保障无障碍设施的安全性、便利性，提高无障碍设施的适用性、舒适性，本章着重分析残疾人、老年人等不同群体的行为特征及需求。

1.1 残疾分类与分级

根据《中华人民共和国残疾人保障法》（2018 年 10 月 26 日修正）第二条规定，“残疾人是指在心理、生理、人体结构上，某种组织、功能丧失或者不正常，全部或者部分丧失以正常方式从事某种活动能力的人”。第三条规定，“残疾人在政治、经济、文化、社会和家庭生活等方面享有同其他公民平等的权利”。

根据《残疾人残疾分类和分级》GB/T 26341—2010，残疾类型分为视力残疾、听力残疾、言语残疾、肢体残疾、智力残疾、精神残疾和多重残疾。根据中国残疾人联合会的数据统计，我国 2010 年底残疾人总数为 8 502 万人，其中：视力残疾者为 1 263 万人，听力残疾者为 2 054 万人，言语残疾者为 130 万人，肢体残疾者为 2 472 万人，智力残疾者为 568 万人，精神残疾者为 629 万人，多重残疾者为 1 386 万人。不同类型的残疾人数比例见图 1–1。

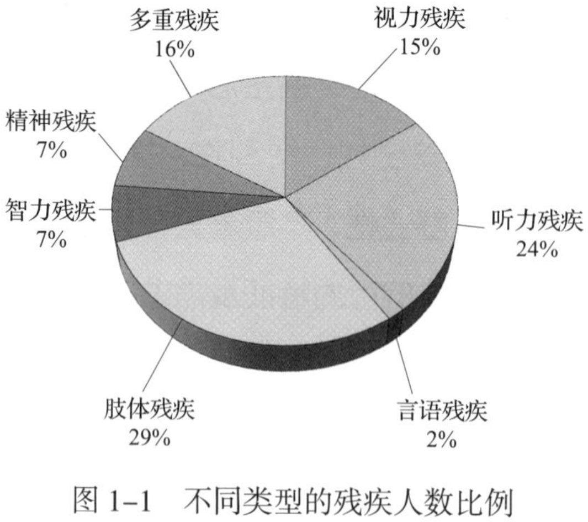

图 1–1　不同类型的残疾人数比例

1.2 视力残疾者

视力残疾，指各种原因导致双眼视力低下并且不能矫正或双眼视野缩小，以致影响其日常生活和社会参与。

视力残疾包括盲和低视力。按视力和视野状态分级，盲为视力残疾一级和二级，低视力为视力残疾三级和四级。

视力残疾均指双眼而言，若双眼视力不同，则以视力较好的一眼为准。若仅有单眼为视力残疾，而另一眼的视力达到或优于 0.3（注：《小数视力表》中的 0.3 对应《标准对数视力表》中的 4.5，《标准对数视力表》自 2012 年 5 月 1 日起实施），则不属于视力残疾范畴。视野以注视点为中心，视野半径小于 10°者，不论其视力如何均属于盲。视力残疾分级见表 1–1。

表 1–1 视力残疾分级

级别	视力、视野
一级	无光感 ~ <0.02，或视野半径 <5°
二级	0.02 ~ <0.05，或视野半径 <10°
三级	0.05 ~ <0.1
四级	0.1 ~ <0.3

盲者缺乏对光的反应或者视野半径过于狭窄，导致无法视物，因此更加善于利用声音、味道、手感知、脚感知，在日常生活中主要依靠盲杖、导盲犬、盲文提示、声音提示等方式来获取信息或辅助移动。

低视力者具有一定的光感反应，但是往往缺乏对颜色对比的敏感性，或者缺乏立体视觉。许多低视力老年人不仅视觉功能退化，同时伴有听力退化、神经传导功能退化等。低视力儿童中，先天性眼病占病因的绝大多数，儿童往往不知道自己有视力缺陷，导致视觉经验缺乏，活动的能力和范围受限，进而影响全面成长。低视力者可以通过助视器提升视力，在日常生活中的主要需求是加强照明、放大文字、增强颜色对比度、设置敏感颜色——中黄色提示。

视力残疾者一般通过色彩、声音、特殊标识、盲文、盲道等获取信息。

1. 色彩：采用对比颜色，便于识别。例如，楼梯台阶地面材料采用对比颜色，开关面板颜色应与墙面颜色形成鲜明反差。

2. 声音：宜设置语音提示设备、语音报警系统。例如，设置带有语音提示的自动门禁，设置带有语音报警的电源开关、煤气开关等。

3. 特殊标识：应加大标识文字，便于低视力者识别。

4. 盲文：开关面板、紧急呼叫按钮、扶手端部、灶台边缘等处宜设置盲文铭牌、标出开关等的位置。

5. 行进盲道和提示盲道：借助符合规格要求的盲道砖给出行进提示。

1.3 听力残疾者

听力残疾，指各种原因导致双耳不同程度的永久性听力障碍，听不到或听不清周围环境声及言语声，以致影响其日常生活和社会参与。

在不佩戴助听放大装置的前提下，按平均听力损失、听觉系统的结构与功能、活动和参与、环境和支持等因素，听力残疾分为四级，详见表 1–2。

表 1–2 听力残疾分级

级别	特 点
一级	听觉系统的结构和功能极重度损伤，较好耳平均听力损失大于 90dB HL，不能依靠听觉进行言语交流，在理解、交流等活动上极重度受限，在参与社会生活方面存在极严重障碍
二级	听觉系统的结构和功能重度损伤，较好耳平均听力损失在 81dB HL ~ 90dB HL 之间，在理解和交流等活动上重度受限，在参与社会生活方面存在严重障碍
三级	听觉系统的结构和功能中重度损伤，较好耳平均听力损失在 61dB HL ~ 80dB HL 之间，在理解和交流等活动上中度受限，在参与社会生活方面存在中度障碍
四级	听觉系统的结构和功能中度损伤，较好耳平均听力损失在 41dB HL ~ 60dB HL 之间，在理解和交流等活动上轻度受限，在参与社会生活方面存在轻度障碍

注：1. “平均听力损失”是指 500Hz、1 000Hz、2 000Hz、4 000Hz 四个频率点纯音气导听力损失分贝数的平均值。

2. dB 即分贝，表示声音的强弱等级；HL 是 Hearing Level 的缩写，表示听力水平。

听力残疾者一般通过助听器、振动提示、文字图片、手语辅助人员获取信息。

1. 公共设施场所在紧急情况发生时，应采用视觉、振动方式传输信息，如警报灯等；电梯内安装紧急联络用监视器或可视电话；提供手语视频或现场安排手语辅助人员。

2．住宅应设置闪光振动门铃，宜设置可视对讲门禁设备，对讲机的铃声音量可适当增大，听筒内最好有扩音装置，此外还应增设视觉提示，应加设带有灯光闪烁提示的可视对讲机，床旁边配备振动枕或紧急情况发生时的信息传导器具，如光、振动器综合报警系统等。

3．声音频率应至少覆盖 500Hz ~ 6 000Hz，主要原因在于助听器用户对高频率声音不敏感，人工耳蜗用户对低频率声音不敏感。

1.4 言语残疾者

言语残疾，指各种原因导致的不同程度的言语障碍，经治疗一年以上不愈或病程超过两年，而不能或难以进行正常的言语交流活动，以致影响其日常生活和社会参与，包括失语、运动性构音障碍、器质性构音障碍、发声障碍、儿童言语发育迟滞、听力障碍所致的言语障碍、口吃等。

按不同类型的口语表现和程度、脑和发音器官的结构与功能、活动和参与、环境和支持等因素，言语残疾分为四级，详见表 1–3。

表 1–3 言语残疾分级

级别	特　点
一级	脑和 / 或发音器官的结构、功能极重度损伤，无任何言语功能或语音清晰度小于或等于 10%，言语表达能力等级测试未达到一级测试水平，在参与社会生活方面存在极严重障碍
二级	脑和 / 或发音器官的结构、功能重度损伤，具有一定的发声及言语能力。语音清晰度在 11% ~ 25% 之间，言语表达能力等级测试未达到二级测试水平，在参与社会生活方面存在严重障碍

续表 1–3

级别	特　　点
三级	脑和 / 或发音器官的结构、功能中度损伤，可以进行部分言语交流。语音清晰度在 26% ~ 45% 之间，言语表达能力等级测试未达到三级测试水平，在参与社会生活方面存在中度障碍
四级	脑和 / 或发音器官的结构、功能轻度损伤，能进行简单会话，但用较长句表达困难。语音清晰度在 46% ~ 65% 之间，言语表达能力等级测试未达到四级测试水平，在参与社会生活方面存在轻度障碍

一些调查研究显示，言语残疾者多数是多重残疾，与智力残疾、肢体残疾并存的比例较高，单纯的言语残疾比例不高。

言语残疾者一般通过电子信息产品等辅助设备或通过手语辅助人员交流信息。

1.5　肢体残疾者

肢体残疾，指人体运动系统的结构或功能损伤，造成四肢残缺、四肢 / 躯干麻痹（瘫痪）或畸形等，导致人体运动功能不同程度丧失、活动受限、参与局限。肢体残疾主要包括：

1. 上肢或下肢因伤、病或发育异常所致的缺失、畸形或功能障碍。

2. 脊柱因伤、病或发育异常所致的畸形或功能障碍。

3. 中枢、周围神经因伤、病或发育异常造成躯干或四肢的功能障碍。

在不佩戴假肢、矫形器及其他辅助器具的情况下，按人体运动功能丧失、活动受限、参与局限的程度，肢体残疾分为四级，详见表 1–4。

表 1–4 肢体残疾分级

级别	特　点
一级	不能独立实现日常生活活动，并具备下列状况之一： 1．四肢瘫：四肢运动功能重度丧失； 2．截瘫：双下肢运动功能完全丧失； 3．偏瘫：一侧肢体运动功能完全丧失； 4．单全上肢和双小腿缺失； 5．单全下肢和双前臂缺失； 6．双上臂和单大腿（或单小腿）缺失； 7．双全上肢或双全下肢缺失； 8．四肢在手指掌指关节（含）和足跗跖关节（含）以上不同部位缺失； 9．双上肢功能极重度障碍或三肢功能重度障碍
二级	基本上不能独立实现日常生活活动，并具备下列状况之一： 1．偏瘫或截瘫，残肢保留少许功能（不能独立行走）； 2．双上臂或双前臂缺失； 3．双大腿缺失； 4．单全上肢和单大腿缺失； 5．单全下肢和单上臂缺失； 6．三肢在手指掌指关节（含）和足跗跖关节（含）以上不同部位缺失（一级中的情况除外）； 7．二肢功能重度障碍或三肢功能中度障碍
三级	能部分独立实现日常生活活动，并具备下列状况之一： 1．双小腿缺失； 2．单前臂及其以上缺失； 3．单大腿及其以上缺失； 4．双手拇指或双手拇指以外其他手指全缺失； 5．二肢在手指掌指关节（含）和足跗跖关节（含）以上不同部位缺失（二级中的情况除外）； 6．一肢功能重度障碍或二肢功能中度障碍

续表 1–4

级别	特　　点
四级	基本上能独立实现日常生活活动，并具备下列状况之一： 1. 单小腿缺失； 2. 双下肢不等长，差距大于或等于 50mm； 3. 脊柱强（僵）直； 4. 脊柱畸形，后凸大于 70°或侧凸大于 45°； 5. 单手拇指以外其他四指全缺失； 6. 单手拇指全缺失； 7. 单足跗跖关节以上缺失； 8. 双足趾完全缺失或失去功能； 9. 侏儒症（身高小于或等于 1 300mm 的成年人）； 10. 一肢功能中度障碍或两肢功能轻度障碍； 11. 类似上述的其他肢体功能障碍

肢体残疾者面临的障碍可归纳为上肢障碍、下肢障碍和乘轮椅障碍。上肢障碍主要为无法完成上肢动作，或者握力与精细动作受限。下肢障碍主要为跨越高差困难。乘轮椅者主要受轮椅通行宽度和高低差的限制。肢体残疾者的特点和主要需求见表 1–5。

表 1–5　肢体残疾者的特点和主要需求

类别	特点	主要需求
上肢障碍	上肢活动范围、握力与操作精细动作受限	水龙头、门把手、开关按钮、插座位置、形状、操作方式及所需力量需特别考虑。通常可采用杠杆式水龙头、感应式水龙头、大面板开关、易握持的扶手、杠杆式门把手等

续表 1–5

类别	特点	主要需求
下肢障碍	站立动作不自由	需尽量设置扶手
	跨越上下高差较困难	宜尽量避免高差
	地面不平整会影响拐杖使用	宜减少沟槽、凹凸
	回转需要较大行动空间	需较大的通道宽度、回转空间
乘轮椅障碍	轮椅行进中遇到高差或长坡、陡坡等难以通过，遇到路面不平整、光滑、反光等导致不安全	轮椅行进中需无高差，有高差处需设置坡道或升降机
	轮椅通行的宽度和回转空间不够	门、走廊、出入口的宽度需特别考虑，保障乘轮椅者通行
	操作按钮或操作台在可触及范围之外	电灯开关、门把手、洗脸盆高度、操作台高度、容膝空间等需特别考虑，保障乘轮椅者操作所需的空间和可触及的范围

1.6 老年人

根据《中华人民共和国老年人权益保障法》，老年人是指 60 周岁以上的公民。

根据《老年人能力评估》MZ/T 039—2013，综合日常生活活动、精神状态、感知觉与沟通、社会参与情况，老年人能力划分为 0 ~ 3 四个等级，分别是：能力完好、轻度失能、中度失能、重度失能。老年人能力评估指标、老年人能力等级标准详见表 1–6、表 1–7。

表 1–6 老年人能力评估指标

一级指标	二级指标
日常生活活动	进食、洗澡、修饰、穿衣、大便控制、小便控制、如厕、床椅转移、平地行走、上下楼梯
精神状态	认知功能、攻击行为、抑郁症状
感知觉与沟通	意识水平、视力、听力、沟通交流
社会参与	生活能力、工作能力、时间 / 空间定向、人物定向、社会交往能力

表 1–7 老年人能力等级标准

能力等级	等级名称	等级标准
0	能力完好	日常生活活动、精神状态、感知觉与沟通分级均为 0，社会参与分级为 0 或 1
1	轻度失能	日常生活活动分级为 0，但精神状态、感知觉与沟通中至少一项分级为 1 或 2，或社会参与的分级为 2； 或日常生活活动分级为 1，精神状态、感知觉与沟通、社会参与中至少有一项的分级为 0 或 1
2	中度失能	日常生活活动分级为 1，但精神状态、感知觉与沟通、社会参与均为 2，或有一项为 3； 或日常生活活动分级为 2，且精神状态、感知觉与沟通、社会参与中有 1 ~ 2 项的分级为 1 或 2
3	重度失能	日常生活活动的分级为 3； 或日常生活活动、精神状态、感知觉与沟通、社会参与分级均为 2； 或日常生活活动分级为 2，且精神状态、感知觉与沟通、社会参与中至少有一项分级为 3

注：1. 处于昏迷状态者，直接评定为重度失能。

2. 有以下情况之一者，在原有能力级别上提高一个级别：①有认知障碍 / 痴呆；②有精神疾病；③近 30 天内发生过 2 次及以上跌倒、噎食、自杀、走失。

老年人随着年龄增加，身体器官功能往往逐渐退化，导致反应速度降低、肢体活动范围受限、动作幅度变小等，因此，老年人在日常生活中对无障碍设施亦有广泛需求。

老年人的器官功能特征详见表 1–8 ~ 表 1–10。老年人对无障碍设施的需求详见表 1–11。

表 1–8　老年人视觉特征

视觉特征	具 体 表 现
形象分辨能力降低	难以分辨小的物体，如文字、图案较小的标识，较小的按钮； 难以分辨与背景色彩无明显反差的物体，如墙面颜色接近的开关插座、扶手、栏杆等； 对大面积玻璃难以识别
色彩分辨能力降低	难以分辨微弱色差的环境
弱光下识别物体能力降低	在低光照下辨物困难
对强光敏感	对频闪的灯光和直射眼睛的光线感到不适，反光较强的地面或墙面等易引起视觉错觉

表 1–9　老年人听觉特征

听觉特征	具 体 表 现
听不清或听不见	门铃声、报警声音量太小时听不见，发声位置距离较远或有阻隔时听不清
对声音较为敏感	休息和睡眠时易受噪声干扰

表 1-10 老年人触觉、味觉和嗅觉特征

触觉、味觉和嗅觉特征		具体表现
触觉退化	对温度变化的感知能力减弱	门铃声、报警声音量太小时听不见，发声位置距离较远或有阻隔时听不清
	对疼痛的感知能力减弱	容易磕碰受伤，且受伤后常不能及时察觉，耽误医治
味觉退化	对食物味道的辨别能力减弱	休息和睡眠时易受噪声干扰
嗅觉退化	对气味的感知能力减弱	难以察觉有害气体的异味，如：在使用煤气时，出现熄火、泄漏等情况，会因闻不到而发生煤气中度等安全事故

表 1-11 老年人对无障碍设施的需求

障碍类别	老年人障碍分析	对无障碍设施的需求
视力衰退	一般人从 40 岁左右开始，视力逐渐退化，一般在 60 岁时裸眼视力约为 0.5 ~ 0.6，70 岁时降到 0.4 以下，80 岁则只有 0.2 ~ 0.3	加强照明，一般照明宜达到 120 lx
		加大标识文字
		使用装修材料，利用手触、足触等感觉，以及声光装置、点字等确认位置
		采用对比颜色，以便辨识，如台阶防滑条与台阶地面材料采用对比颜色
听力退化	一般人约从 50 岁左右开始听力逐渐退化，对高音域的声音及较小的声音很难听清楚	床旁边配备振动枕或紧急情况发生时的信息传导器具

续表 1–11

障碍类别	老年人障碍分析	对无障碍设施的需求
味觉嗅觉退化	60 岁以上老年人和 20 岁左右年轻人比较，要感知同样的咸度需要 4 倍盐分，而嗅觉退化甚至无法察觉煤气的味道	紧急情况发生时，应采用视觉、振动方式传输信息，如警报灯等

注：lx（勒克斯）是照度单位。

对于视觉衰退带来的障碍，可以通过合理布置光源、增加夜间照明灯具等方式来提高室内照度；采用大按键开关，加大标识牌的图案、文字，提高背景与文字色彩对比度使其更容易辨认，从而帮助老年人在居住环境中获得更加舒适的视觉感受。

对于听觉衰退带来的障碍，应确保周边环境视线的畅通，帮助老年人了解周围环境的状况；可以通过增加灯光或振动提示、采用有视觉信号的报警装置等方式来弥补听觉衰退的影响。

对于触觉、味觉和嗅觉衰退，在室内设计中，应加强室内通风，尽量避免明火，选用具有自动熄灭保护装置的灶具或无明火的电磁炉，安装提示、监测等装置。

1.7 其他社会成员

无障碍设施不仅为残疾人、老年人提供了自主生活的可能，也为伤病人员、孕妇、儿童、负重出行者等其他社会成员的短时需求提供了便利。

伤病人员因器官损伤导致感知弱化、行动缓慢、肢体支配困难，需要拐杖、轮椅或人员的辅助。他们的需求可参考同类型残疾人、老年人的需求。

孕妇行动不便、部分视野受到阻挡，她们需要较大的活动空间，需要减少环境中的障碍物。

儿童行走步幅小、缺乏环境认知能力，需要看护人员陪同。他们需要避免相应人体尺度上的环境伤害，如突出物、障碍物等。

婴幼儿需借助婴儿车出行，推车人员需要较大的回转空间，路面应平整，减少障碍物，避免陡坡。

负重出行者因携带行李箱、手推车或携带其他体积大、重量大的物品导致行动不便，需要较大的回转空间，避免长距离行走，路面应平整，减少障碍物，避免陡坡。

2 人体和辅具基本尺寸

人体基本尺寸、人体借助辅具后的基本尺寸是公共场所设计的必要依据。过去，公共场所建设和住宅设计主要依据健全成年人的参数，一些设施不适合残疾人、老年人等特殊群体使用，因此在参与社会生活方面给他们带来了困难。本章汇总了人体基本尺寸、辅具基本尺寸、人体借助辅具后的基本尺寸，从而为无障碍设施的后续设计提供了边界值，以方便相关人员参考使用。

2.1 健全成年人基本尺寸

本节数据参考或引用了现行国家标准《中国成年人人体尺寸》GB/T 10000—1988、《在产品设计中应用人体尺寸百分位数的通则》GB/T 12985—1991 等规定。

健全成年人立姿、坐姿两种基本形态的人体尺寸，是依据《中国成年人人体尺寸》GB/T 10000—1988 并适当修正后得出的，即对 1988 年以前的测量数据做了修正。统计资料显示，近几十年我国居民平均身高持续增长，以男性平均身高为例，1985—2019 年的 35 年间，中国男性平均身高增长近 9cm。

老年人随着年龄的增长，人体尺寸相对于中青年时期略微减小，因此在使用上述数据时可适当调整。

2.1.1 立姿

立姿人体尺寸包括身高、眼高、胯骨高、臂长、肩宽、胯宽、双臂平伸长、手功能高，详见图 2–1。

2.1.2 坐姿

坐姿人体尺寸包括坐高、坐姿眼高、坐姿肘高、坐姿膝高等，详见图 2–2。

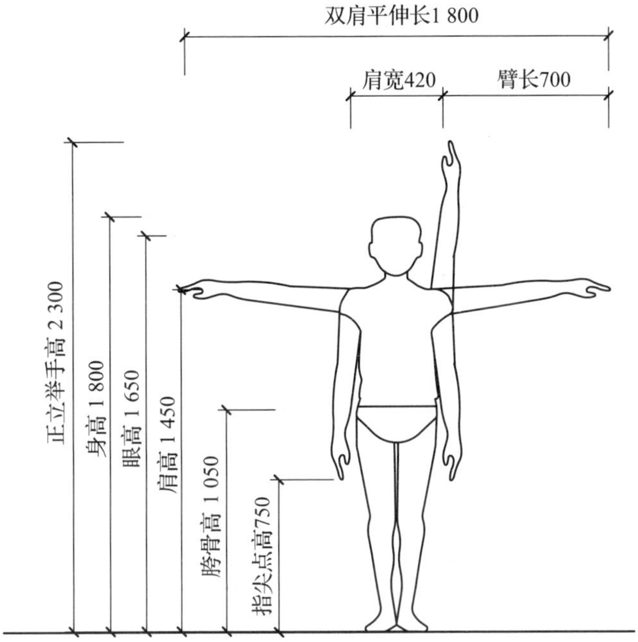

（a）健全成年男性立姿

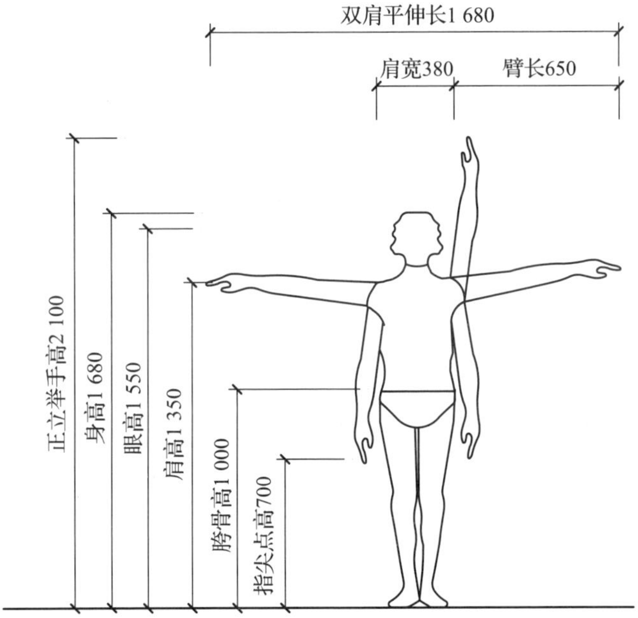

（b）健全成年女性立姿

图 2-1　健全成年人立姿人体尺寸（单位：mm）

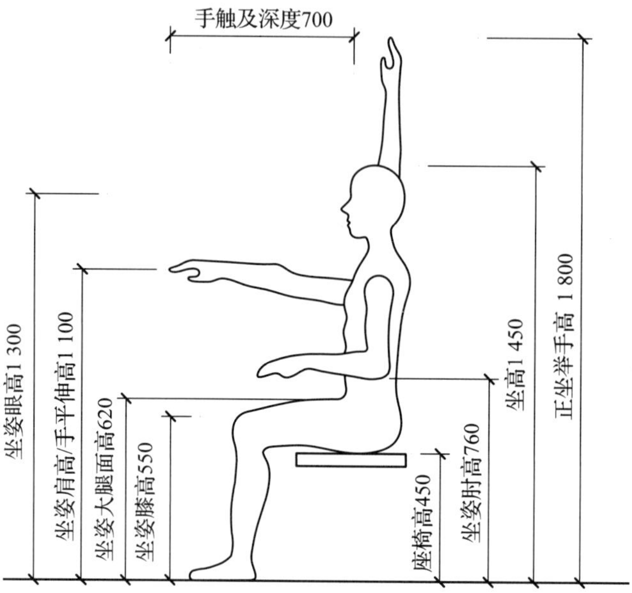

（a）健全成年男性坐姿

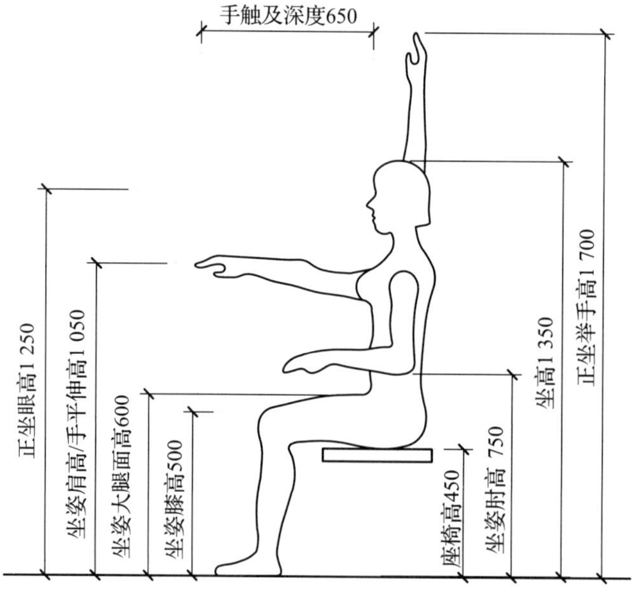

（b）健全成年女性坐姿

图 2-2　健全成年人坐姿人体尺寸（单位：mm）

2.2 拄拐杖者基本尺寸

2.2.1 拄拐杖 / 助行架及使用者所需宽度

拐杖和助行架是辅助伤残人员、老年人稳定性站立和步行的主要工具。由于病理情况复杂，加以个人因素和康复效果各异，因此拐杖和助行架的种类较多。不同类型的拐杖、助行架及使用者所需宽度见表 2-1。

表 2-1 不同类型的拐杖、助行架及使用者所需宽度

	手杖	步行架	步行车	助行拐杖	前臂手杖	腋下拐杖
图示			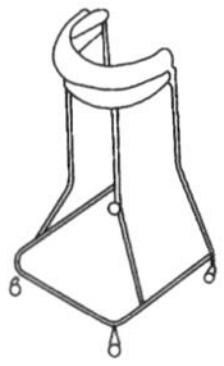			
所需宽度 / mm	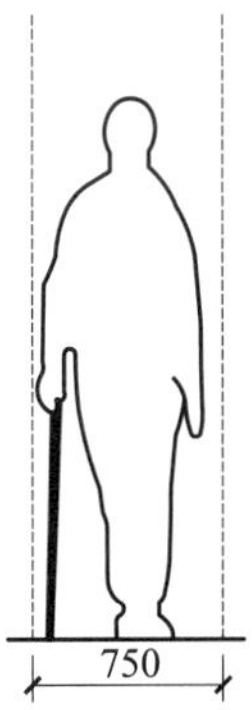	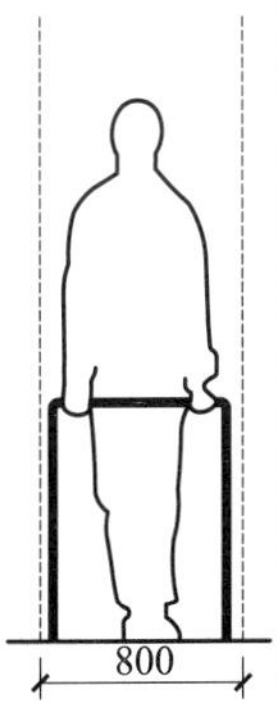	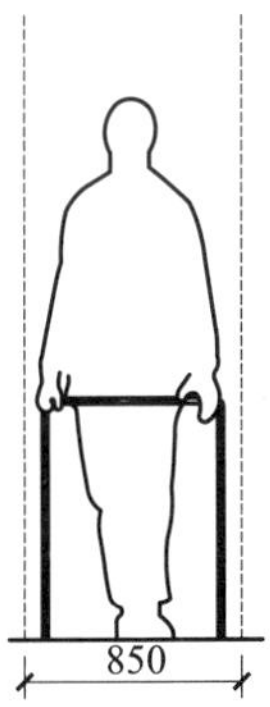	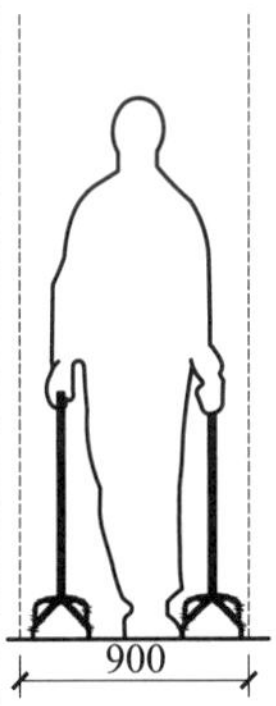	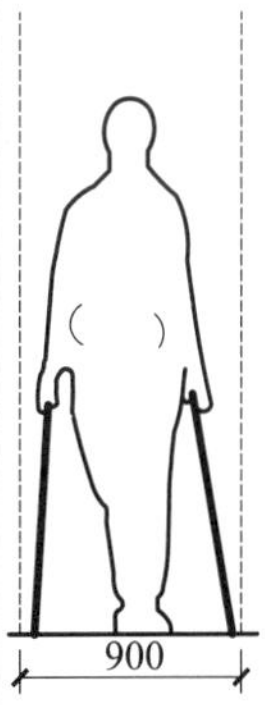	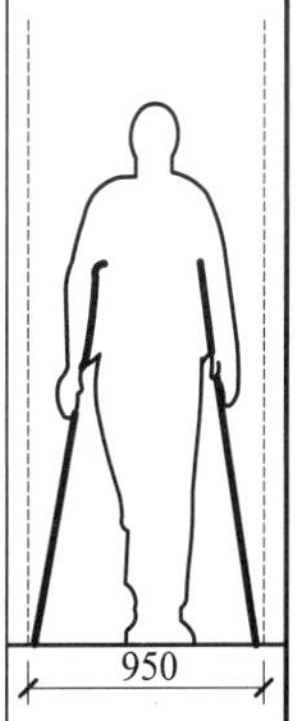

2.2.2 腋下拐杖使用者活动空间

拄拐杖者所需的空间尺寸，以腋下拐杖使用者所需的最大空间计算。拄拐杖者视线水平高度约为 1 500mm，旋转半径约为 600mm，双拐间水平内距约为 900mm、外距约为 950mm，前进一步的长度约为 1 200mm。拄拐杖者可在台阶上行走，但台阶的高度不宜超过 120mm，活动空间尺寸见图 2–3。

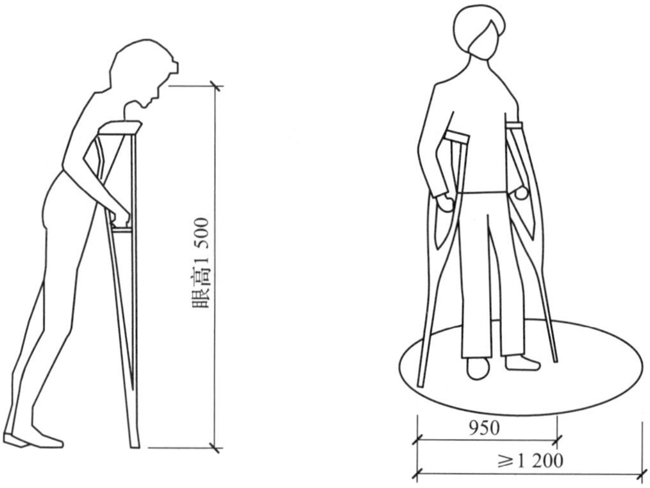

图 2–3 拄拐杖者活动空间（单位：mm）

2.3 持盲杖者基本尺寸

2.3.1 盲杖

盲杖是视力残疾者用于导向或识别周围环境的器具。视力残疾者在行进中以盲杖轻敲地面探路，利用盲杖在行进中定位、定向、提前判断前进方向。根据《盲杖　第 2 部分：性能要求和试验方法》GB/T 16930.2—2021，盲杖尺寸规格见表 2–2。

表 2–2　盲杖尺寸规格

产品示意图	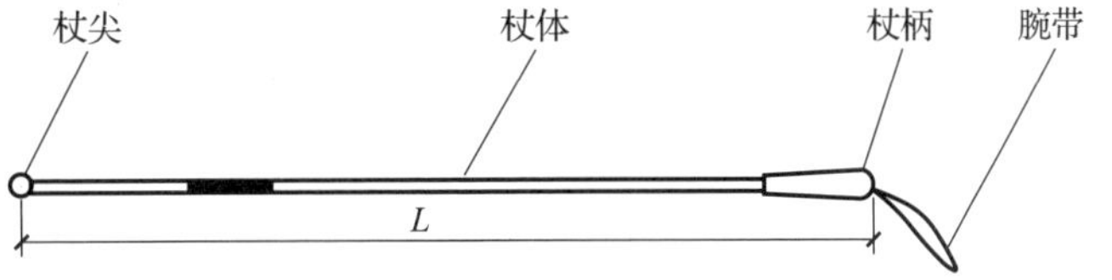				
盲杖长度 L/mm	L<600	600 ≤ L<900	900 ≤ L<1 200	1 200 ≤ L<1 500	L>1 500
盲杖质量 m/kg	≤ 0.4		≤ 0.6		
手柄最小长度 /mm	150		200		
杖体直径 D/mm	10 ≤ D ≤ 22				

2.3.2　持盲杖者步幅

视力障碍者使用盲杖敲击地面行走时，左右探索幅度约为 900mm，向前探索幅度约为 450mm ~ 750mm，详见图 2–4。

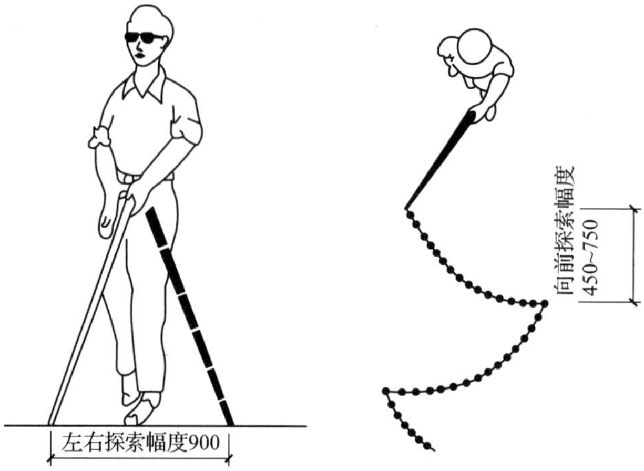

图 2-4　持盲杖者探索幅度（单位：mm）

2.4　乘轮椅者基本尺寸

2.4.1　轮椅类型

目前常见的轮椅包括手动四轮轮椅、手动三轮轮椅和电动轮椅。根据《手动轮椅车》GB/T 13800—2009、《电动轮椅车》GB/T 12996—2012，不同轮椅的尺寸规格见表 2-3。

表 2-3　不同类型轮椅规格尺寸

轮椅名称	图示	长 /mm	宽 /mm	高 /mm
手动三轮轮椅	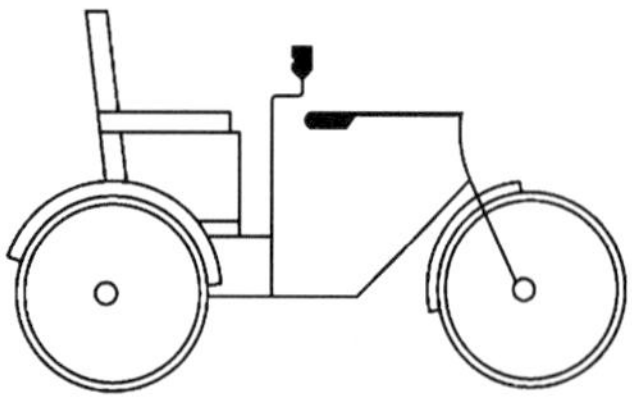	2 100	780	1 150

续表 2–3

轮椅名称	图示	长 /mm	宽 /mm	高 /mm
手动四轮轮椅	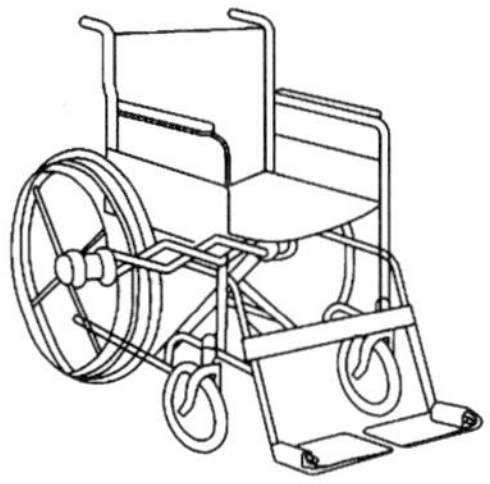	室内用：1 100 室外用：1 200	室内用：650 室外用：700	室内用：1 400 室外用：1 400
电动轮椅	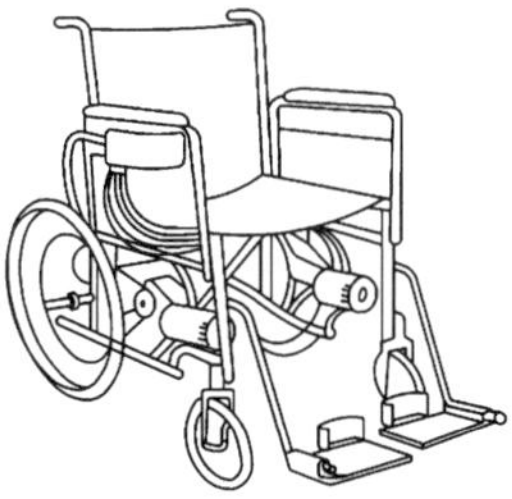	室内型：1 200 室外型：1 200 道路型：1 600	室内型：700 室外型：700 道路型：750	室内型：1 090 室外型：1 090 道路型：不规定

2.4.2 手动四轮轮椅尺寸

手动四轮轮椅是目前应用最为广泛的一种轮椅，也称标准轮椅，其正面宽为 650mm ~ 700mm，侧面长为 1 100mm ~ 1 200mm，座面高为 450mm，扶手高为 670mm，轮椅背把手高为 920mm ~ 980mm。

轮椅有两对大小不同的轮子：大轮是驱动轮，多数情况下使用充气轮胎，大轮直径为 580mm ~ 620mm，轮胎直径为 30mm ~ 40mm；小轮是转向轮，多数情况下使用实心轮胎，小轮直径为 180mm，轮胎直径为 30mm。

手动四轮轮椅基本尺寸见图 2–5。

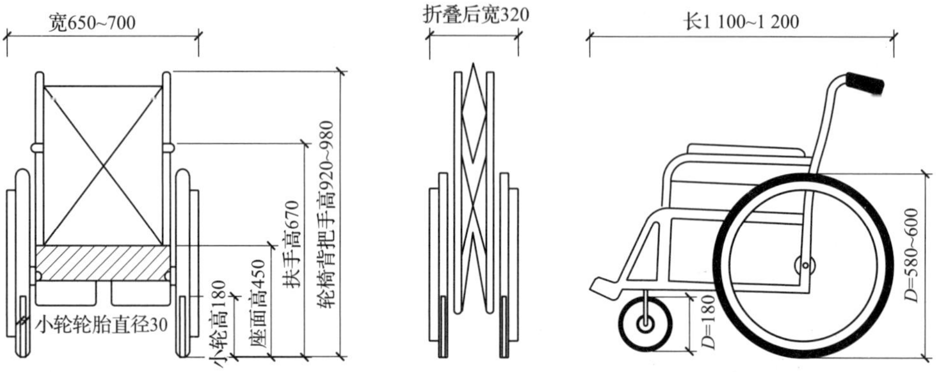

图 2-5 手动四轮轮椅基本尺寸（单位：mm）

2.4.3 电动轮椅

电动轮椅的外形尺寸与手动四轮轮椅基本一致。其性能见表 2-4。

表 2-4 电动轮椅的性能

指标	性能要求		
	室内型	室外型	道路型
最大速度 /（km/h）	≤ 4.5	≤ 6	≤ 15
越障高度 /mm	≥ 25	≥ 40	≥ 80
越沟宽度 /mm	100	100	150
爬坡能力 /（°）	≥ 3	≥ 6	≥ 8
最小回转半径 /mm	900	1 200	2 000
理论行驶距离 /km	≥ 10	≥ 20	≥ 35

2.4.4 乘轮椅者尺寸

1. 长度：人和轮椅的长度约为 1 300mm，其中：轮椅长度为 1 200mm，脚掌探出长度约为 100mm。

2．宽度：人和轮椅的宽度约为 800mm，其中：轮椅宽度为 700mm，乘轮椅者行进时需双手操作外轮，双手操作宽度约为 100mm。

3．高度：乘轮椅者视线高度为 1 100mm ~ 1 200mm，大腿面高度为 600mm，座面高度为 450mm，脚面高度为 200mm。

4．手臂接触范围：乘轮椅者的手臂活动范围相对较小。手臂上举触及高度为 1 600mm，手臂斜向触及高度为 1 400mm，舒适高度约为 800mm ~ 1 200mm。身体直立时，手触及深度约为 650mm，当身体前倾或侧倾时，手可触及 750mm 以内的物体。当需要接触前方物体时，该物体最好向外凸出，底部可容纳双脚。

乘轮椅者尺寸见图 2-6。

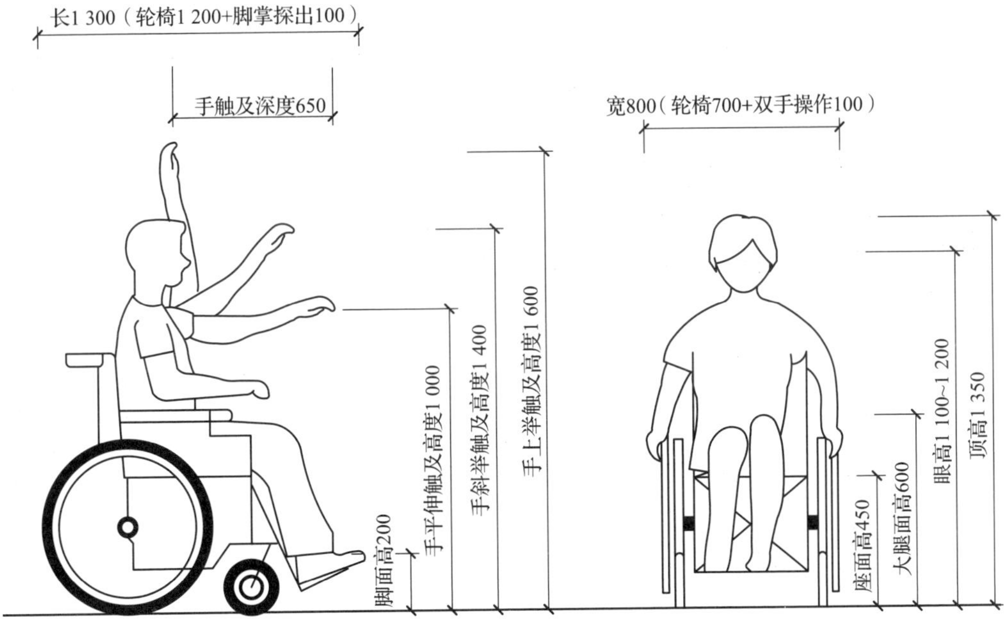

图 2-6 乘轮椅者尺寸（单位：mm）

2.5 尺寸应用

通过梳理不同障碍者的尺寸参数，对比不同障碍者尺度差异，明确不同尺寸应用场景，可为无障碍设施尺寸提供极限值或范围值的参考。不同群体的尺寸参数及其应用详见表 2-5。

表 2-5 不同群体的尺寸参数及其应用 单位：mm

名称	尺寸传递	应用场景	健全成年人	老年人		拄拐杖者	持盲杖者	乘轮椅者
				男	女			
站姿顶高	使用高度	取极值，用于确定人头顶上的障碍物高度，例如，门、镜子、床、担架等的净空高度或长度	1 800	1 800	1 680	1 800	1 800	—
坐姿顶高			1 450	1 450	1 350	—	—	1 350
眼高	视线高度	取平均值，用于确定在剧院、礼堂、会议室、室外墙体或充当墙体阻挡视线的高度，确定布告、展示品、标识位置高度，以及确定室内隔断、屏风的高度	1 500	—	—	1 500	—	1 100 ~ 1 200
肘高	使用高度	用于确定使用的工作台面的舒适高度，以及柜台、梳妆台、厨房案台的高度	750	—	—	—	—	750

续表 2–5

名称	尺寸传递	应用场景	健全成年人	老年人		拄拐杖者	持盲杖者	乘轮椅者
				男	女			
大腿面高	容膝空间	用于确定从地面到书桌、餐桌、柜台底面距离的关键尺寸，尤其是需要把大腿部分放在家具下面的场合	600	—	—	—	—	600
座椅高度	使用高度	用于确定座椅、床、卫生间座椅的高度	450	450	450	450	450	450
手触摸高度 斜向最高	使用高度	用于确定开关、控制器、安全抓杆、书架以及衣帽架、橱柜等的最大高度	—	—	—	—	—	1 400
手触摸高度 舒适高度	使用高度	用于确定开关、控制器、安全抓杆、书架以及衣帽架、橱柜等的最大高度	—	800 ~ 1 200	800 ~ 1 200	—	—	800 ~ 1 200
手触摸距离	使用深度	用于人们需要绕过某种障碍物去够一个物体或者操纵设备，确定障碍物的最大尺寸	650	—	—	—	—	650
正面宽度	通行宽度	用于确定通道、门、床等宽度，同时可用于确定环绕桌子的座椅间距和影剧院、礼堂中的排椅座位间距	450	450	450	750 ~ 950	900	800

3 无障碍设施基本尺寸

按照尺寸传递原则，在第 2 章“人体和辅具基本尺寸”的基础上，可推导无障碍设施的空间尺寸。公共场所的无障碍设施主要依据健全成年人、老年人、乘轮椅者的尺寸进行设计。居家场所的无障碍设施在参考第 2 章“人体和辅具基本尺寸”的基础上，以目标个体安全、舒适为原则来进行设计。

3.1 使用高度

本节根据乘轮椅者的参数确定使用高度。乘轮椅者高度和手触及范围有限，无障碍设计应满足乘轮椅者的使用需求。乘轮椅者顶高极值为 1 350mm，手触及范围的舒适高度为 800mm ~ 1 200mm，进而确定橱柜、开关、饮水机、床等设施的高度，详见图 3-1。

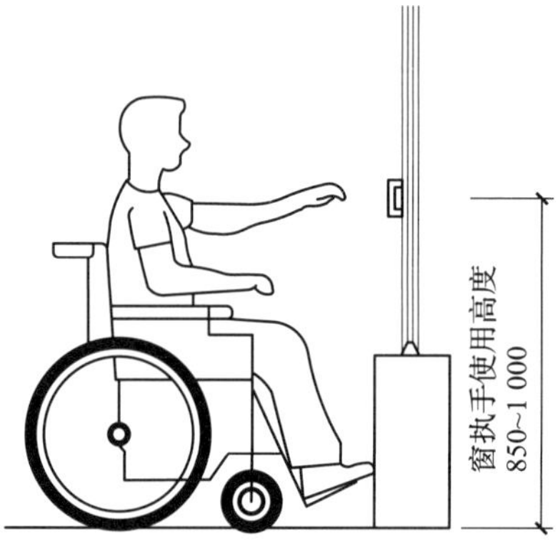

（a）窗执手使用高度

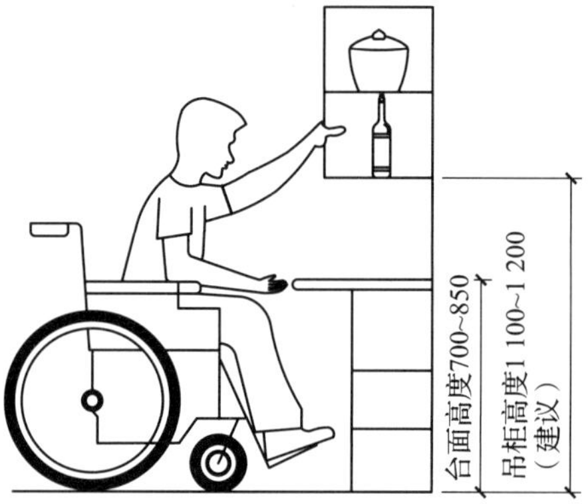

（b）橱柜使用高度

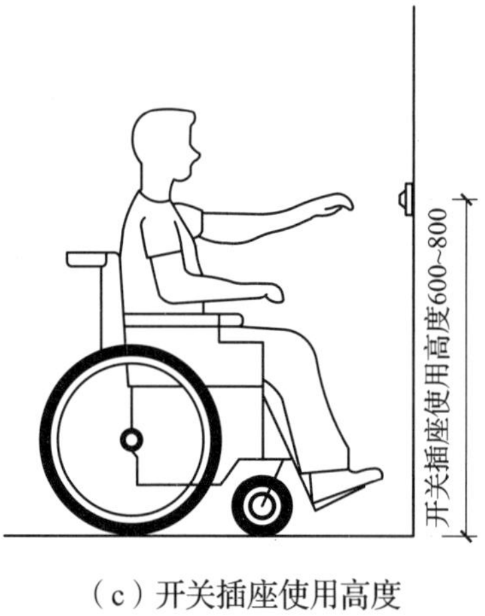

（c）开关插座使用高度

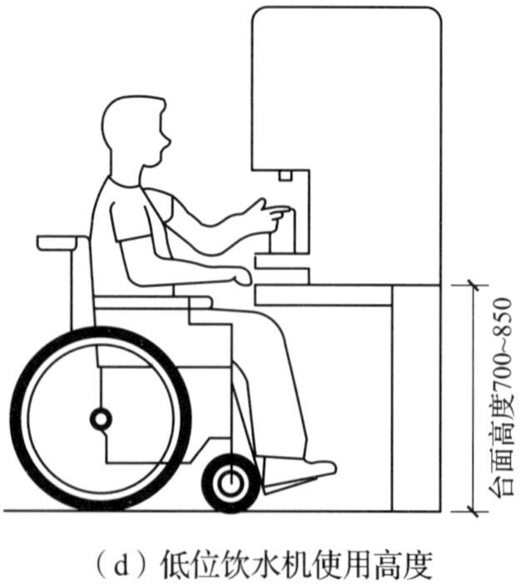

（d）低位饮水机使用高度

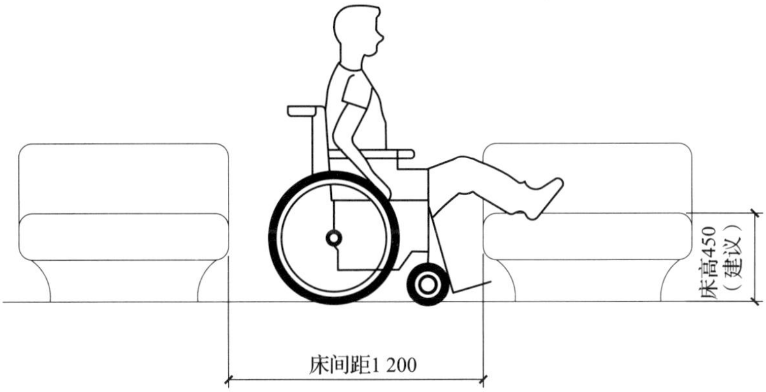

（e）床高度

图 3-1 使用高度（单位：mm）

3.2 通行宽度

正面宽度对比显示，满足乘轮椅者的通行宽度同时可以满足老年人、拄拐杖者、拄盲杖者等障碍群体的通行，因此本节以满足轮椅通行作为确定最小通行尺寸的原则。

3.2.1 门的通行宽度

轮椅宽度为650mm ~ 700mm，乘轮椅者的宽度为750mm ~ 800mm。为保障乘轮椅者顺利通行，门开启后的通行宽度不应小于900mm。不同类型门的通行宽度见图 3-2。

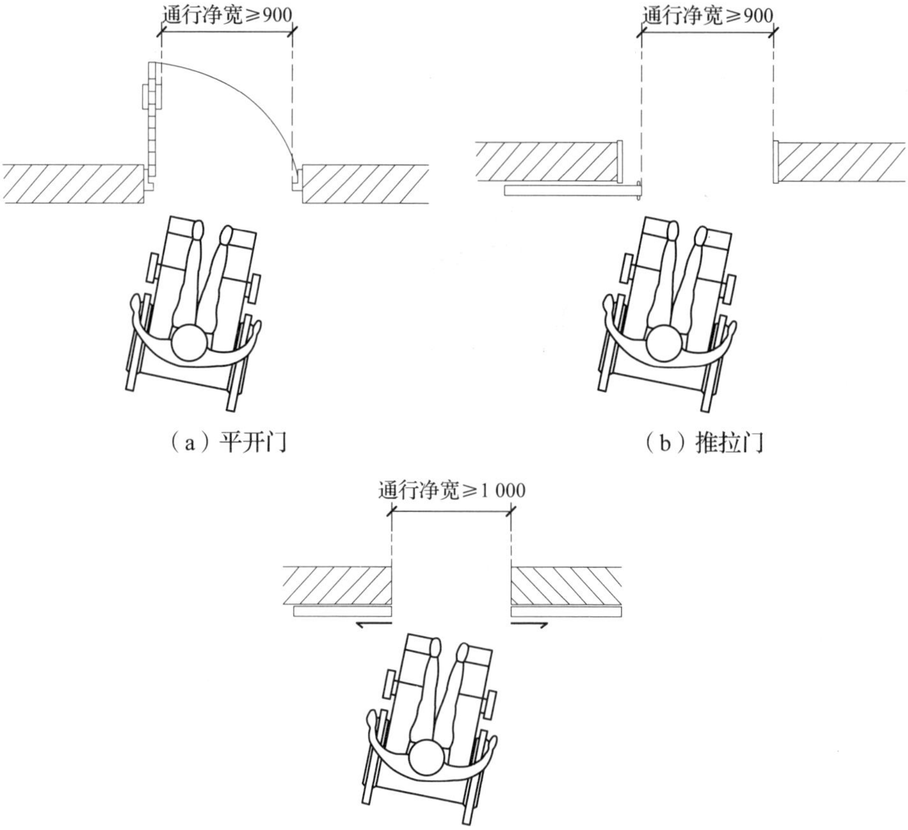

（a）平开门　　（b）推拉门

（c）自动门

图 3-2　不同类型门的通行宽度（单位：mm）

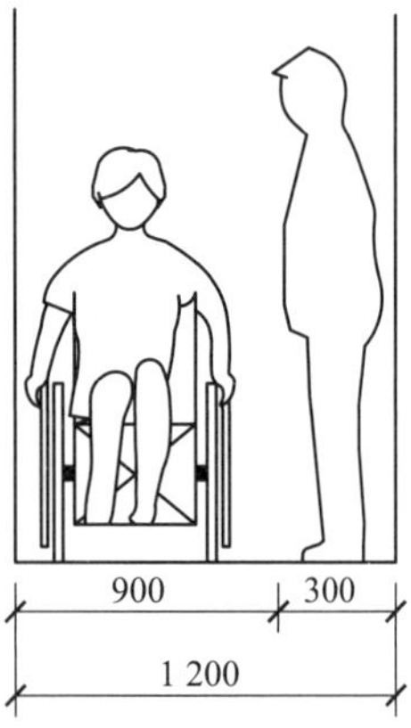

（a）

3.2.2　通道的通行宽度

无障碍通道的通行宽度不应小于 1 200mm，这个宽度刚好能满足一辆轮椅加一个人的侧身通过，这是一个最低要求。条件允许的情况下，通道的通行宽度不应小于 1 800mm，这时能满足两辆轮椅正面相对通行。在人员较多的公共场所，通道的通行宽度不应小于 1 800mm。通道的通行宽度见图 3-3。

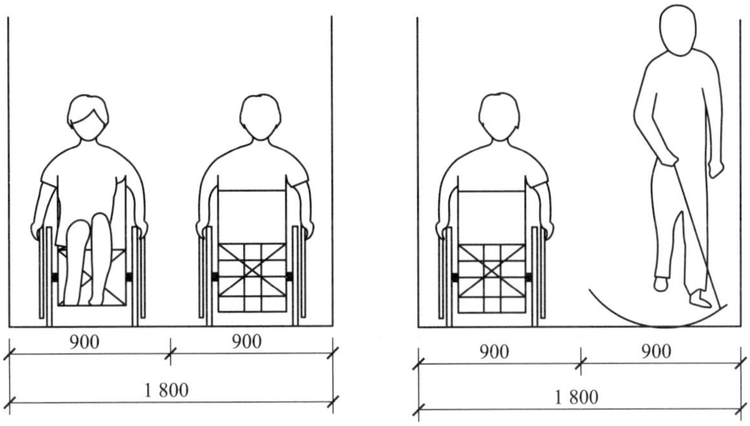

（b）　　（c）

图 3-3　通道的通行宽度（单位：mm）

3.2.3　检票口、结算口的通行宽度

检票口、结算口的通行宽度不应小于 900mm，详见图 3-4。

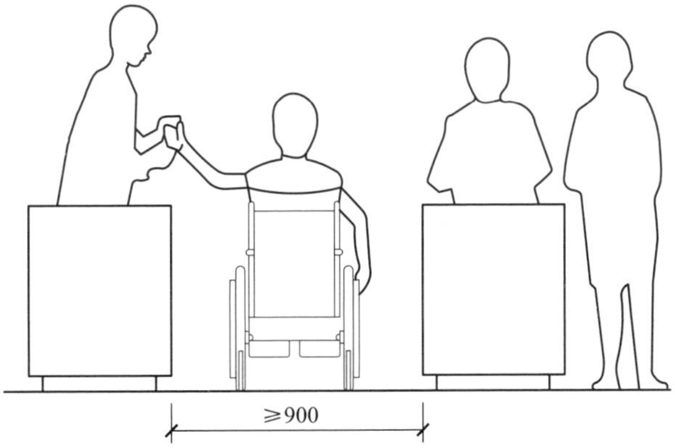

图 3-4　检票口、结算口的通行宽度（单位：mm）

3.2.4 轮椅坡道的通行宽度

轮椅坡道的通行宽度不应小于 1 200mm，能保证一辆轮椅和一个人侧身通行，或者一个人搀扶另一个人行走，详见图 3-5。

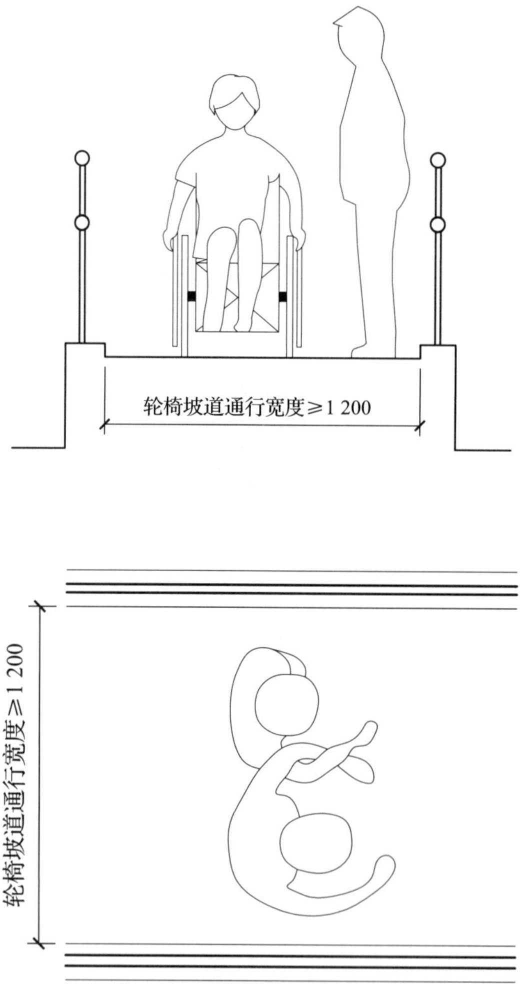

图 3-5　轮椅坡道的通行宽度（单位：mm）

3.3 坡道坡度

考虑手动轮椅上坡的难易程度及轮椅下坡时的安全性，坡道的横向坡度不应大于 1∶50，纵向坡度不应大于 1∶12，当条件受限且坡段起止点的高差不大于 150mm 时，纵向坡度不应大于 1∶10，详见图 3–6。

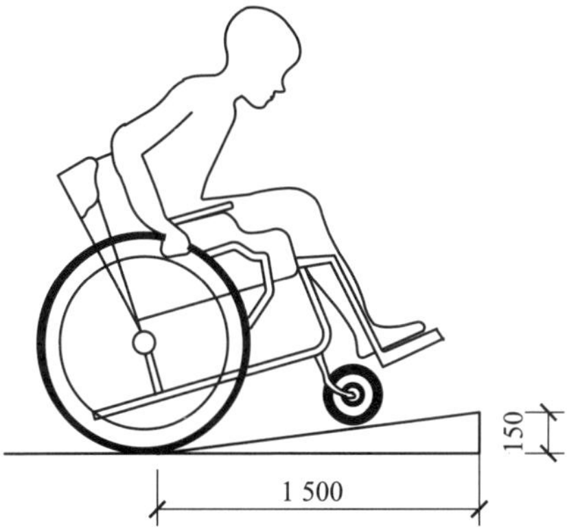

（a）1∶10坡道（重心前倾）

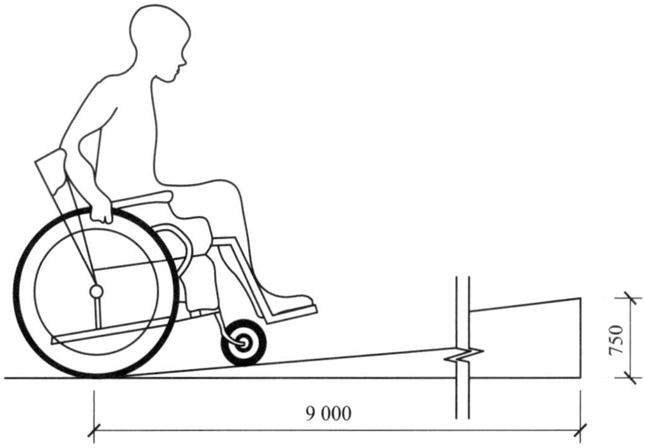

（b）1∶12坡道（重心稍向前）

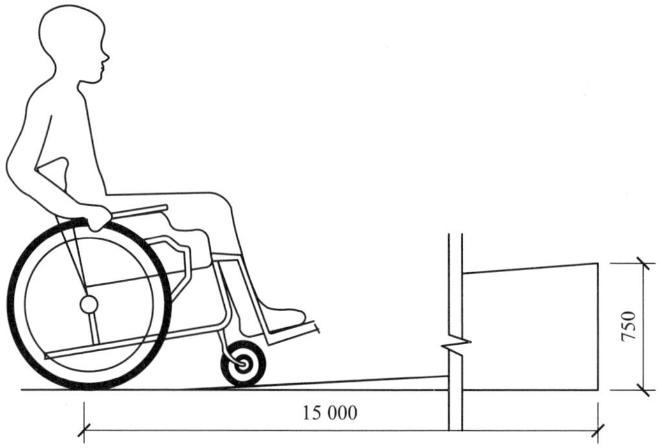

（c）1：20坡道（重心可不动）

图 3–6　坡道坡度（单位：mm）

3.4　地面高差

对于乘轮椅者，地面高差是通行的最大障碍，会影响乘轮椅者的生活自理。《建筑与市政工程无障碍通用规范》GB 55019—2021 要求，无障碍通行设施的地面应坚固、平整，无障碍通行流线上有高差处需用轮椅坡道、缘石坡道、无障碍电梯或升降平台处理。

轮椅前部小轮是万向轮，当地面出现小高差、陡坡时，前轮容易发生卡顿、转向，引起轮椅的骤停、倾斜、失控，因此出于安全考虑，无障碍通行设施的地面应尽量平整、无高差。

对于能够步行的老年人，一般情况下地面高差 250mm 是老年人能够通过的高度上限，但需要借助扶手。根据《无障碍设计规范》GB 50763—2012，公共建筑室内外台阶踏步的高度不宜大于 150mm，并且不应小于 100mm。

3.5 地面缝隙

无障碍通道上应尽量避免设置缝隙、孔洞，以免轮椅、盲杖、拐杖陷入其中。无法避免时，缝隙宽度、孔洞直径不应大于 13mm，条状孔洞应垂直于通行方向设置，详见图 3-7。

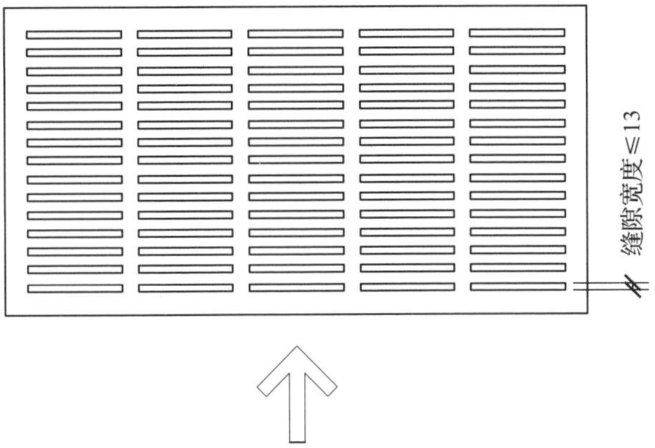

图 3-7 地面缝隙（单位：mm）

3.6 回转空间

健全成年人做 180°旋转，约需直径为 800mm 的圆面积及相应空间。

拄双拐者旋转 180°，约需直径为 1 200mm 的圆面积及相应空间。

盲人借助盲杖旋转 180°，约需直径为 1 500mm 的圆面积及相应空间。

乘轮椅者以轮椅为中心旋转 180°，约需直径为 1 500mm 的圆面积及相应空间；做直角转弯时，约需外边长度为 1 400mm × 1 700mm 的面积及相应空间，详见图 3-8。

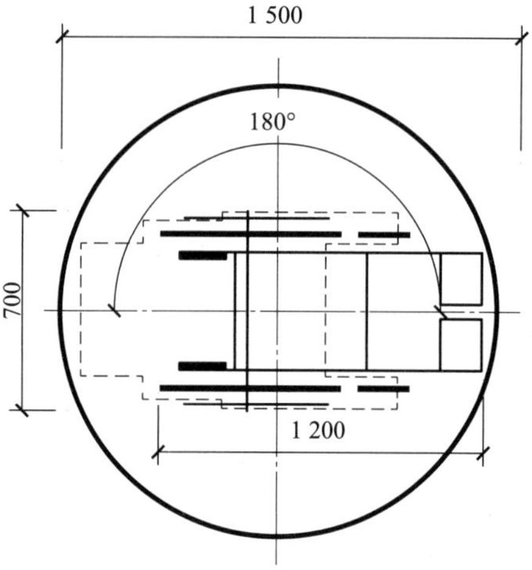

（a）以轮椅为中心旋转180°

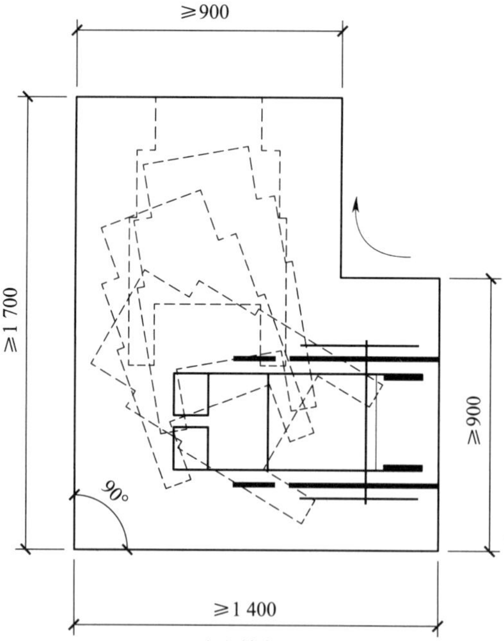

（b）轮椅做直角转弯

图 3–8　轮椅回转空间（单位：mm）

3.7　容膝容脚空间

乘轮椅者的腿面高约 600mm，膝高约 550mm，脚面高约 200mm。为便于轮椅者靠近，公共场所的问询台、服务窗口、电话台、安检验证台、行李托运台、借阅台、各种业务台、饮水机等应设低位服务设施，其台面下部应留出不小于宽 750mm、高 650mm、距地面高度 250mm 范围内进深不小于 450mm、其他部分进深不小于 250mm 的容膝容脚空间，满足乘轮椅者的膝部、足尖移动的需要，详见图 3–9。

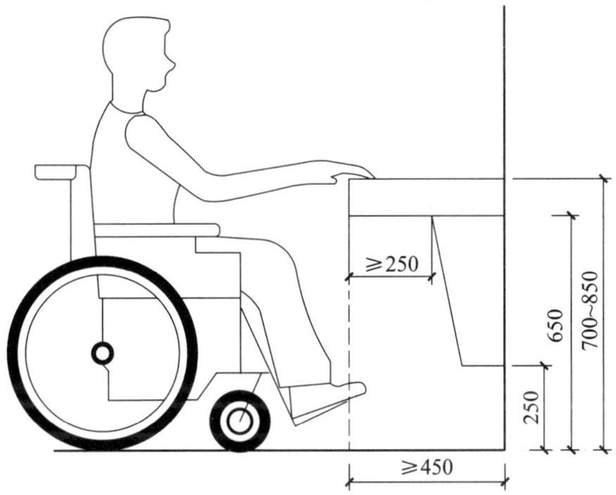

图 3–9　容膝容脚空间（单位：mm）

3.8　视线范围

3.8.1　范围

健全成年人的视线高度约为 1 500mm，距前方 1 500mm 处的视线范围为 500mm ~ 2 000mm。乘轮椅者的视线高度约为 1 100mm ~ 1 200mm，距前方 1 500mm 处的视线范围为 200mm ~ 1 500mm，详见图 3-10。

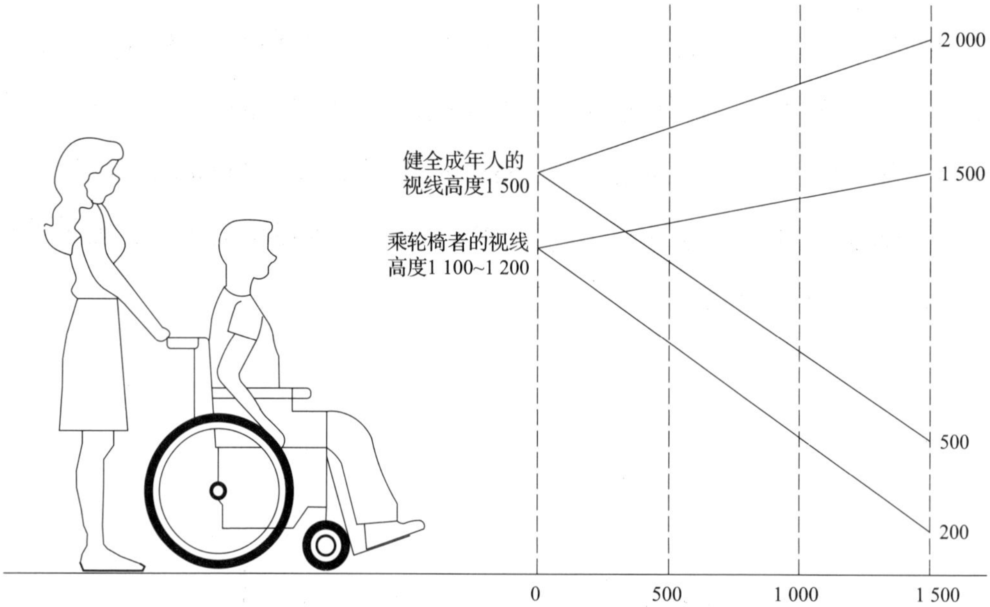

图 3-10 健全成年人和乘轮椅者的视线范围（单位：mm）

3.8.2 标识高度

标识牌应安装在健全成年人和乘轮椅者均容易看到的位置。标识牌的高度宜设置在 700mm ~ 1 750mm 之间，标识牌中央线距地面的高度宜为 1 350mm。

3.8.3 标识文字

标识文字的色彩应温暖柔和，字体醒目、笔划粗细适当，图案清晰、通俗易懂。字体和图案应做适当放大处理。

健全成年人在 20m 处的可视文字高度为 65mm，在 40m 处的可视文字高度为 130mm。老年人在 20m 处的可视文字高度为 80mm，在 40m 处的可视文字高度为 160mm。标识文字高度与可视距离详见图 3-11。

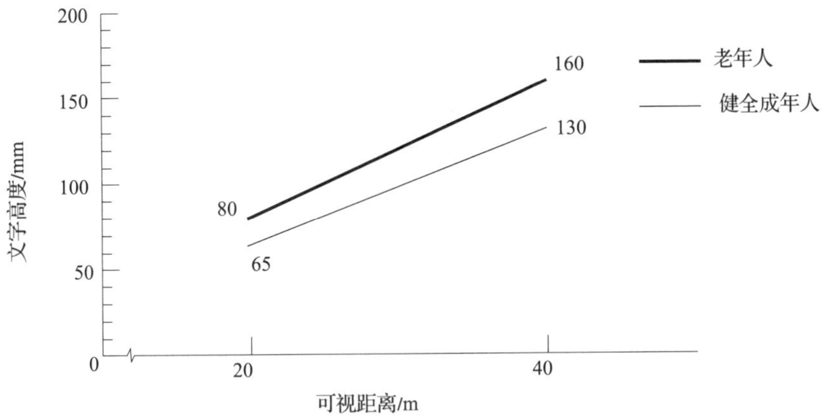

图 3-11 标识文字高度与可视距离

4 无障碍设施设计要求

依据《建筑与市政工程无障碍通用规范》GB 55019—2021，本章列举了无障碍设施设计要求，并给出部分示意图，同时依据《无障碍设计规范》GB 50763—2012 对个别设计细节做了补充。

4.1 无障碍设施

4.1.1 无障碍通行设施

无障碍通行设施包括：缘石坡道、盲道、轮椅坡道、无障碍出入口、无障碍通道、门、无障碍电梯和升降平台、楼梯和台阶、扶手、无障碍机动车停车位等。

无障碍通行设施应符合下列规定：

1. 城市开敞空间、建筑场地、建筑内部及其之间应提供连贯的无障碍通行流线。

2. 无障碍通行流线上的标识物、垃圾桶、座椅、灯柱、隔离墩、地灯和地面布线（线槽）等设施均不应妨碍行动障碍者的独立通行。固定在无障碍通道、轮椅坡道、楼梯的墙或柱面上的物体，障碍物突出部分大于100mm 且底面距地面高度小于 2 000mm 时，其底面距地面高度不应大于600mm（以便视觉障碍者可以用手杖感触到），且应保证有效通行净宽，详见图 4–1。

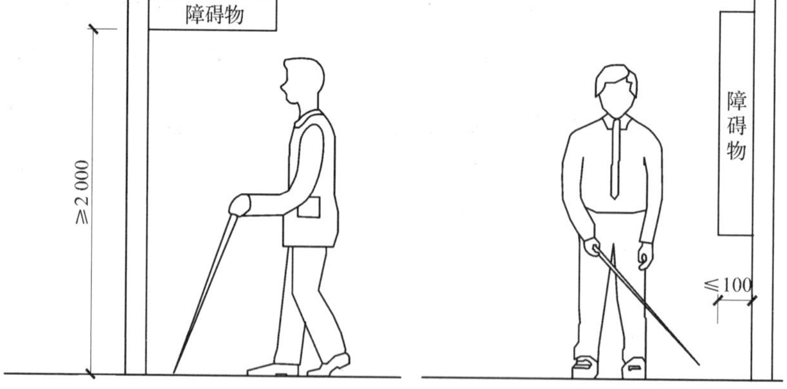

障碍物底面高度应≥2m；如<2m时，突出部分应≤100mm

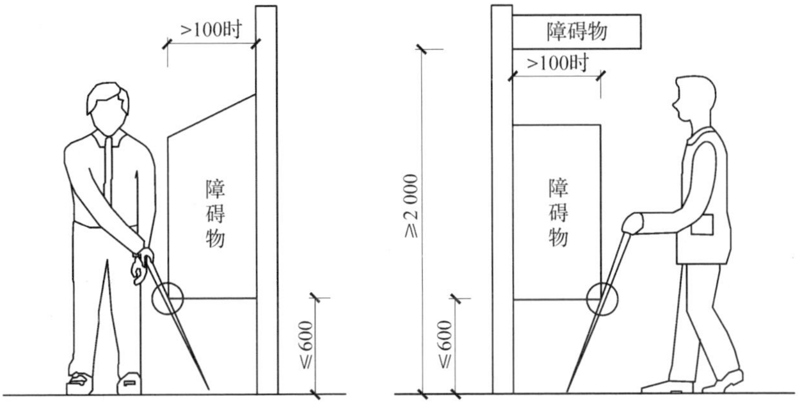

墙柱上物体的突出部分>100mm且底面高度<2m时，其底面距地面高度应≤600mm

图 4-1 无障碍通道上突出物的底面距地面高度（单位：mm）

3. 无障碍通行流线在临近地形险要地段处应设置安全防护设施，必要时应同时设置安全警示线。

4. 无障碍通行设施的地面应坚固、平整、防滑、不积水。

4.1.2 无障碍服务设施

无障碍服务设施包括：无障碍厕所和厕位、公共浴室和更衣室、无障碍客房和住房、轮椅席位、低位服务设施等。

无障碍服务设施应符合下列规定：

1. 通往无障碍服务设施的通道应为无障碍通道。

2. 具有内部使用空间的无障碍服务设施的入口和室内空间应方便乘轮椅者进入和使用，内部应设轮椅回转空间，轮椅需要通行的区域通行净宽不应小于 900mm。

3. 具有内部使用空间的无障碍服务设施的门在紧急情况下应能从外面打开。

4. 具有内部使用空间的无障碍服务设施应设置易于识别和使用的救助呼叫装置。

5. 无障碍服务设施的地面应坚固、平整、防滑、不积水。

6. 无障碍服务设施内供使用者操控的照明、设备、设施的开关和调控面板应易于识别，使用高度应为 850mm ~ 1 100mm，详见图 4-2。

7. 无障碍服务设施内安装的部件应安装牢固，安全抓杆直径应为 30mm ~ 40mm，其内侧与墙面的净距离不应小于 40mm，低位挂衣钩、低位毛巾架、低位搁物架距地面高度不应大于 1 200mm，见图 4-2。

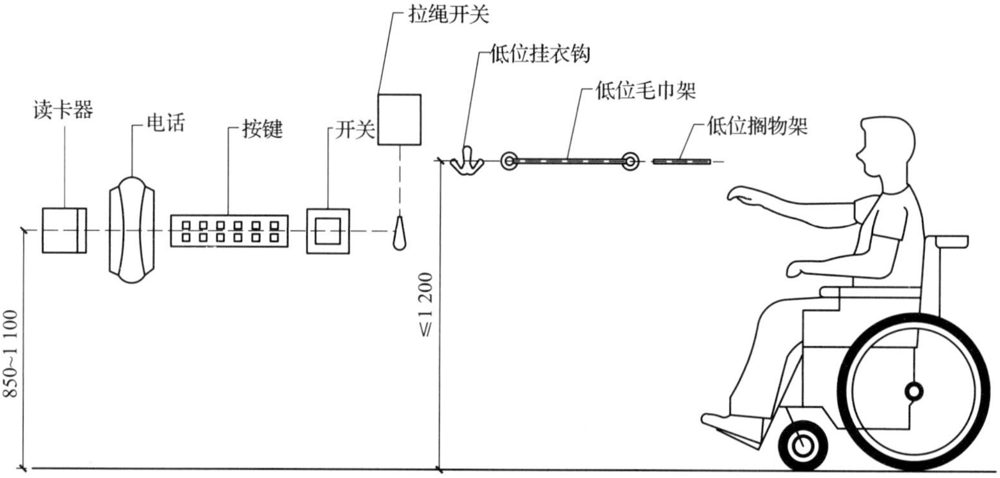

图 4-2 操控面板使用高度（单位：mm）

4.1.3 无障碍信息交流设施

无障碍信息交流设施应符合下列规定：

1. 无障碍标识应纳入室内外环境的标识系统，应连续并清楚地指明无障碍设施的位置和方向。

2. 无障碍标识的安装位置和高度应保证从站立和坐位的视觉角度都能够看见，并且不应被其他任何方式遮挡。

3. 无障碍设施处均应设置无障碍标识。

4. 对需要安全警示处，应同时提供包括视觉标识和听觉标识的警示标识。

5. 语音信息密集的公共场所和以声音为主要传播手段的公共服务应提供文字信息的辅助服务。

6. 在以视觉信息为主的公共服务中，应提供听觉信息的辅助服务。

7. 公共场所中的网络通信设备部件应符合下列规定：①低位电话、低位个人自助终端和低位台面计算机，其上表面距地面高度应为700mm ~ 850mm，台面的下部应留出不小于宽750mm、高650mm、距地面高度250mm范围内进深不小于450mm、其他部分进深不小于250mm的容膝容脚空间；②每组公用电话中，应至少设1部低位电话，听筒线长度不应小于600mm；应至少设1部电话具备免提对话、音量放大和助听耦合功能；③每组个人自助终端中，应至少设1部低位个人自助终端；应至少设1部提供视觉和听觉两种信息传递方式的个人自助终端；④供公众使用的计算机中，应至少提供1台低位台面计算机；应至少提供1台具备读屏软件和支持屏幕放大功能的计算机；应至少提供1台具备语音输入功能的计算机；支持可替换键盘的计算机不应少于总数的20%。

8. 过街音响提示装置应符合下列规定：①应保证视觉障碍者的通行安全，且有利于辨别方向；②应在主要商业街、步行街和视觉障碍者集中区域周边道路的人行横道设置；③应结合人行横道信号灯统一设置；④应避免产生噪声污染；⑤应设置开关功能。

4.2 缘石坡道

缘石坡道是位于人行道口或人行横道两端，为了避免人行道路缘石带来的通行障碍，方便行人进入人行道的一种坡道。

缘石坡道的设置应符合下列规定：

1．设置：各种路口、出入口和人行横道处，有高差时应设置缘石坡道。

2．坡口高差：缘石坡道的坡口与车行道之间应无高差。

3．提示盲道：缘石坡道距坡道下口路缘石 250mm ~ 300mm 处应设置提示盲道，提示盲道的长度应与缘石坡道的宽度相对应。

4．坡度：①全宽式单面坡缘石坡道的坡度不应大于 1∶20；②其他形式缘石坡道的正面和侧面的坡度不应大于 1∶12。

5．宽度：①全宽式单面坡缘石坡道的坡道宽度应与人行道宽度相同；②三面坡缘石坡道的正面坡道宽度不应小于 1 200mm；③其他形式的缘石坡道的坡口宽度均不应小于 1 500mm。

6．过渡空间：缘石坡道顶端处应留有过渡空间，过渡空间的宽度不应小于 900mm。

7．其他：①缘石坡道上下坡处不应设置雨水箅子；②设置阻车桩时，阻车桩的净间距不应小于 900mm。

缘石坡道类别、坡度及宽度详见图 4–3。

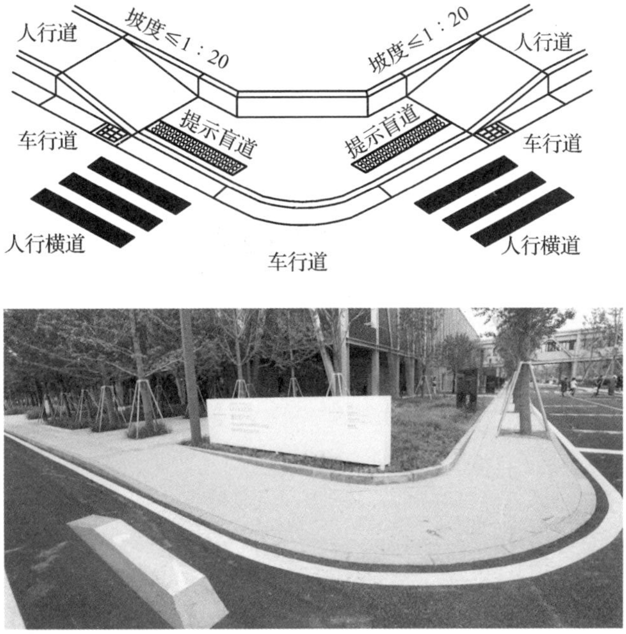

（a）十字路口全宽式单面坡缘石坡道

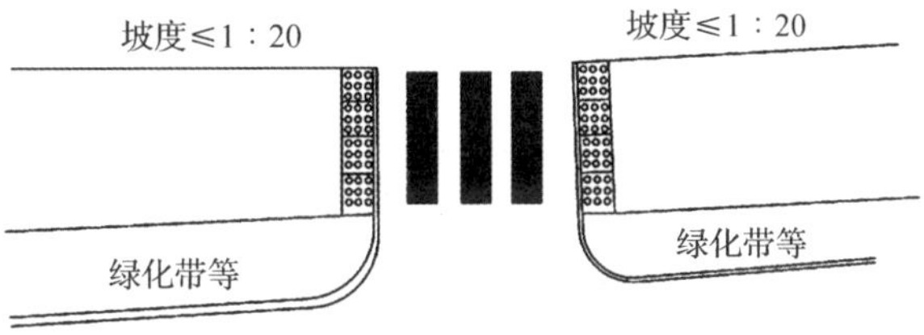

（b）人行道口全宽式单面坡缘石坡道

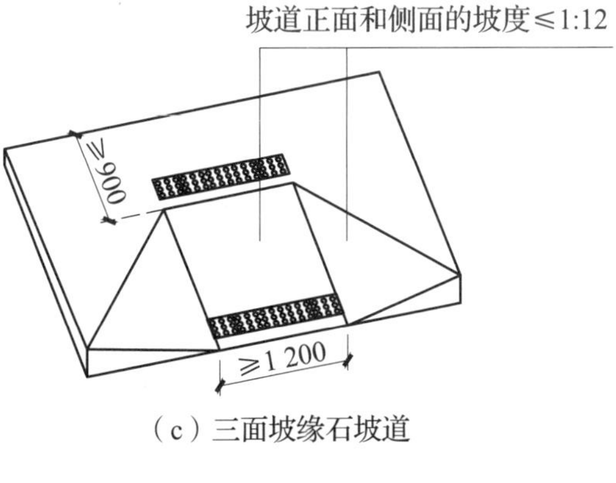

（c）三面坡缘石坡道

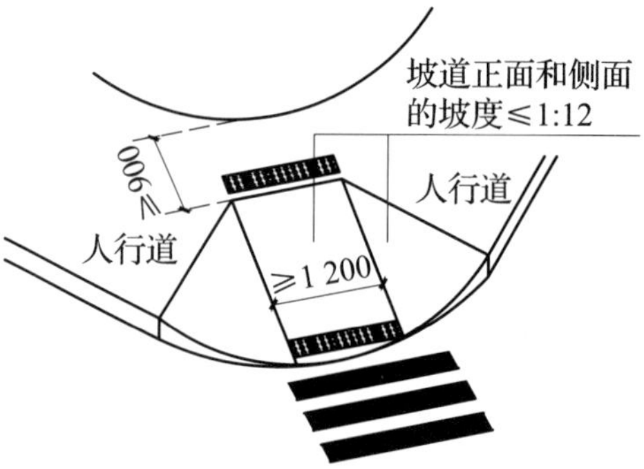

（d）转角处三面坡缘石坡道

图 4-3 缘石坡道类别（单位：mm）

4.3 盲道

盲道是指在人行道上或其他场所铺设的一种固定形态的地面砖，使视觉障碍者产生盲杖触觉及脚感，引导视觉障碍者向前行走和辨别方向以到达目的地的通道。

行进盲道是指表面呈条状形，使视觉障碍者通过盲杖的触觉和脚感，指引视觉障碍者可直接向正前方继续行走的盲道。

提示盲道是指表面呈圆点形，用在盲道的起点、拐弯、终点处，表示服务设施的位置以及提示视觉障碍者前方将有不安全或危险状态等，具有提醒注意作用的盲道。

盲道的设置应符合下列规定：

1. 盲道的铺设应保证视觉障碍者安全行走和辨别方向。

2. 盲道铺设应避开障碍物，任何设施不得占用盲道。

3. 需要安全警示和提示处应设置提示盲道，见图 4-4，其长度应与需要安全警示和提示的范围相对应。行进盲道的起点、终点、转弯处，应设置提示盲道，其宽度不应小于 300mm，且不应小于行进盲道的宽度，见图 4–5。

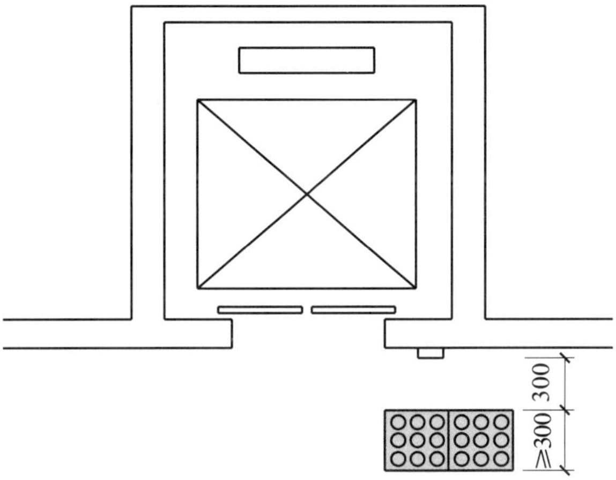

（a）无障碍电梯入口处

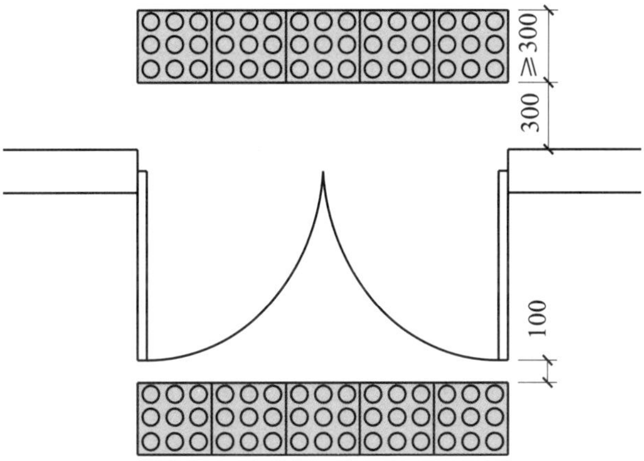

（b）门内外

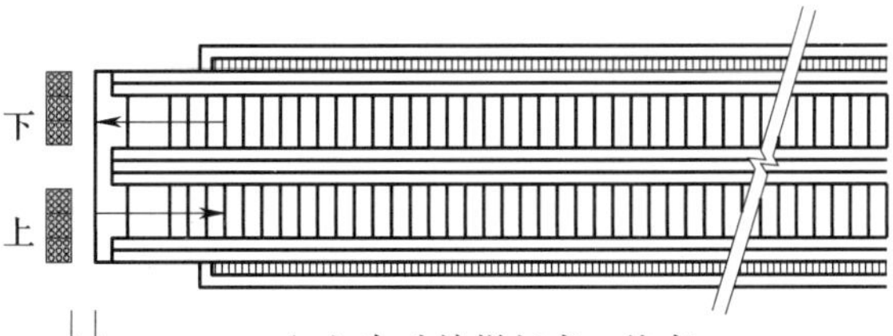

（c）自动扶梯起点、终点

图 4–4 需要安全警示和提示处应设置提示盲道（单位：mm）

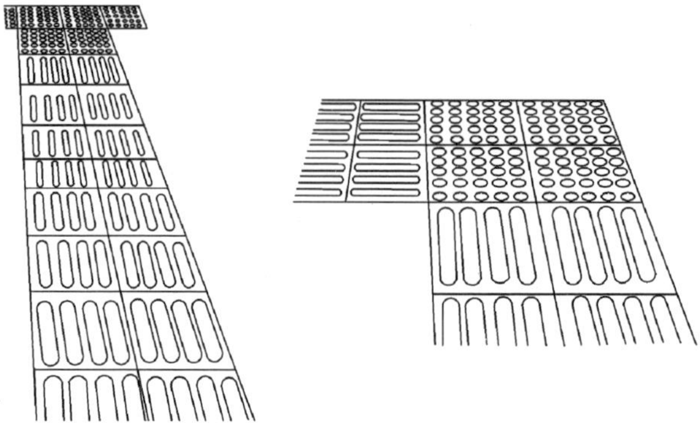

图 4–5　行进盲道的起点、终点、拐弯处应设置提示盲道

4．盲道应与相邻人行道铺面的颜色或材质形成差异。

《无障碍设计规范》GB 50763—2012 对行进盲道、提示盲道的设置要求如下：

1．行进盲道：①应与人行道的走向一致；②宽度宜为 250mm ~ 500mm；③宜在距围墙、花台、绿化带 250mm ~ 500mm 处设置；④宜在距树池边缘 250mm ~ 500mm 处设置；如无树池，行进盲道与路缘石上沿在同一水平面时，距路缘石不应小于 500mm，行进盲道比路缘石上沿低时，距路缘石不应小于 250mm；盲道应避开非机动车停放的位置；⑤行进盲道的触感条规格为：面宽 25mm、底宽 35mm、高度 4mm、中心距 62mm ~ 75mm。

2．提示盲道：①行进盲道在起点、终点、转弯处及其他有需要处应设提示盲道，当盲道的宽度不大于 300mm 时，提示盲道的宽度应大于行进盲道的宽度；②提示盲道的触感圆点规格为：表面直径 25mm、底面直径 35mm、圆点高度 4mm、圆点中心距 50mm。

4.4 轮椅坡道

轮椅坡道是指在坡度、宽度、高度以及地面材质、扶手形式等方面方便乘轮椅者通行的坡道。其主要形式见图 4–6。

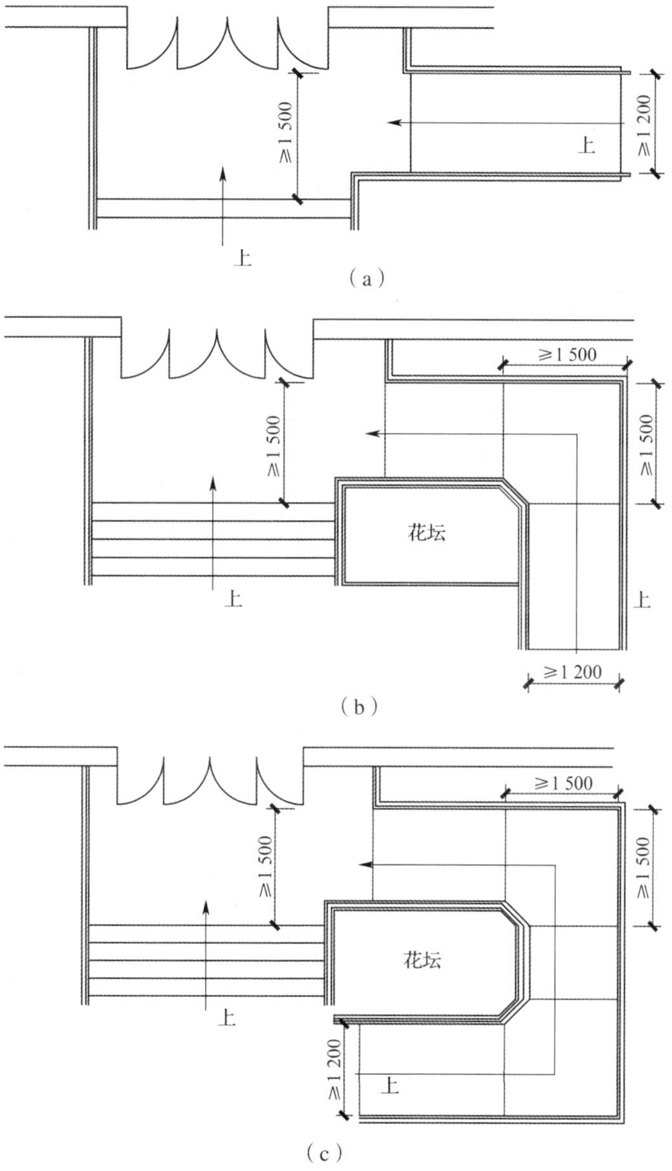

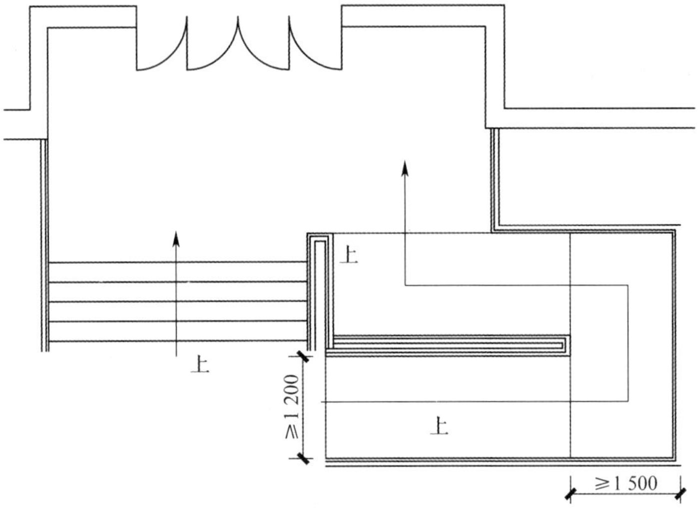

（d）

图 4–6　轮椅坡道形式（单位：mm）

轮椅坡道的设置应符合下列规定：

1．坡度：横向坡度不应大于 1∶50，纵向坡度不应大于 1∶12，当条件受限且坡段起止点的高差不大于 150mm 时，纵向坡度不应大于 1∶10。

2．坡段提升高度：每段坡道的提升高度不应大于 750mm。

3．通行净宽：轮椅坡道的通行净宽不应小于 1 200mm。

4．起点、终点和休息平台：轮椅坡道的起点、终点和休息平台的通行净宽不应小于坡道的通行净宽，水平长度不应小于 1 500mm，门扇开启和物体不应占用此范围空间。

5．其他：①轮椅坡道的高度大于 300mm 且纵向坡度大于 1∶20 时，应在两侧设置扶手，坡道与休息平台的扶手应保持连贯；②设置扶手的轮椅坡道的临空侧应采取安全阻挡措施，见图 4–7。

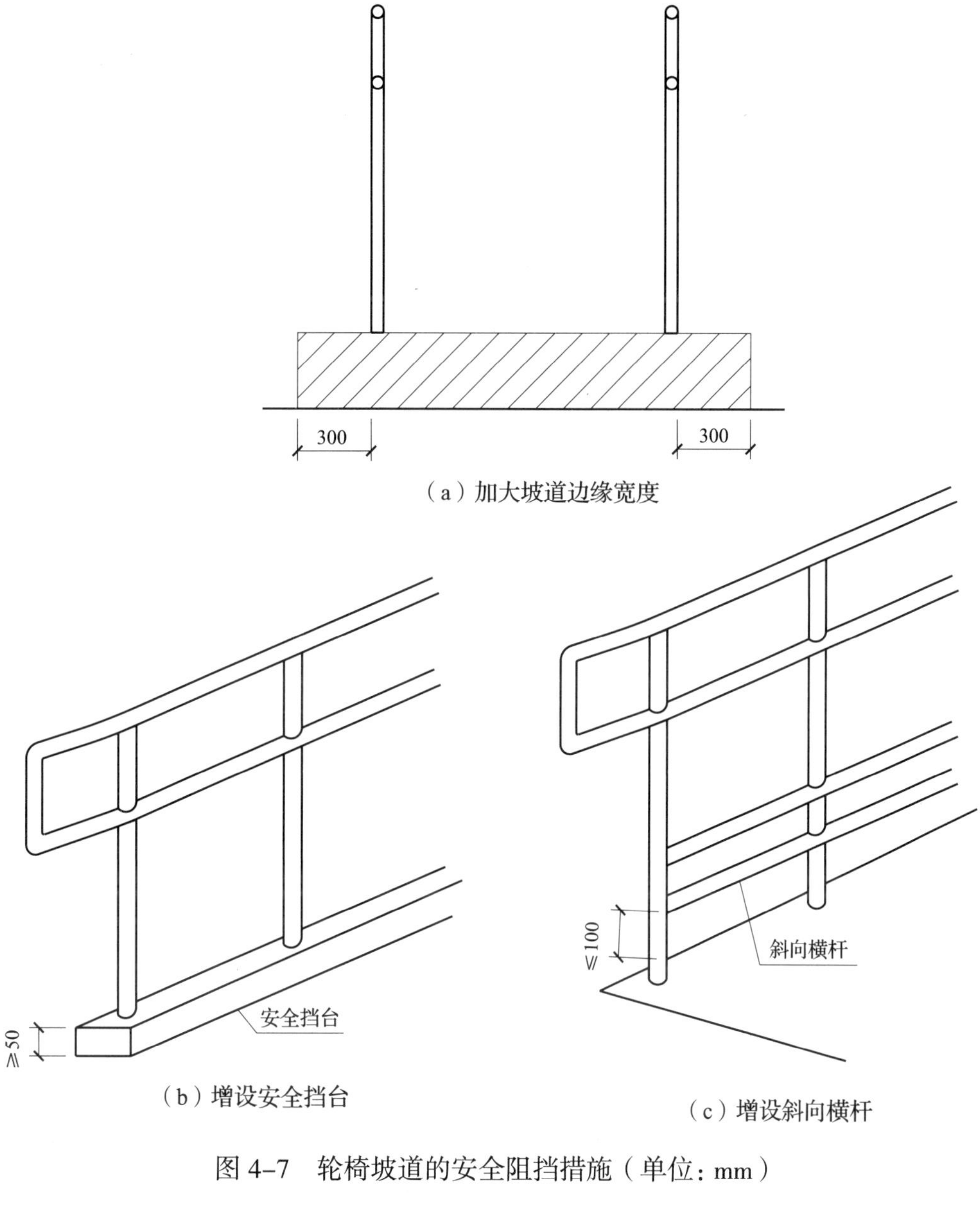

图 4–7 轮椅坡道的安全阻挡措施（单位：mm）

注：设置扶手的轮椅坡道侧面临空时，为了防止拐杖头和轮椅前面的小轮滑出，应设置阻挡措施，阻挡措施可以是扶手外边缘的地面向外扩宽 300mm，可以是设置高度不小于 50mm 的安全挡台，也可以是做地面空隙不大于 100mm 的斜向横杆。

4.5 无障碍出入口

无障碍出入口是指在坡度、宽度、高度上以及地面材质、扶手形式等方面方便行动障碍者通行的出入口。无障碍出入口应为下列三种出入口之一：①地面坡度不大于 1∶20 的平坡出入口；②同时设置台阶和轮椅坡道的出入口；③同时设置台阶和升降平台的出入口，详见图 4-8。

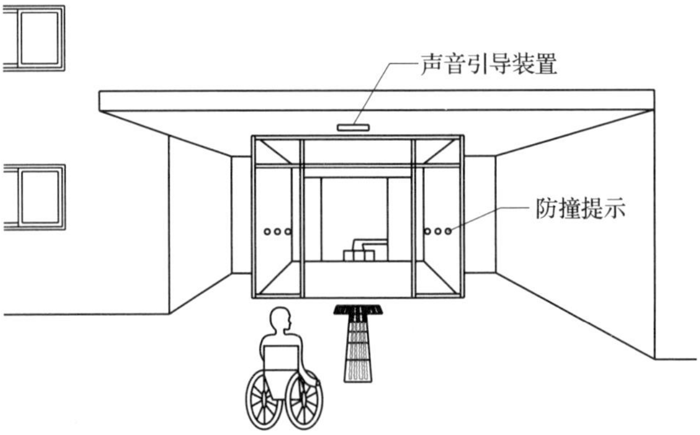

（a）平坡出入口

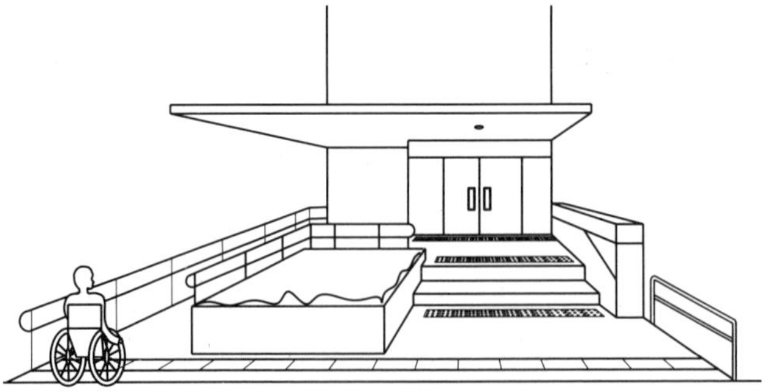

（b）同时设置台阶和轮椅坡道的出入口

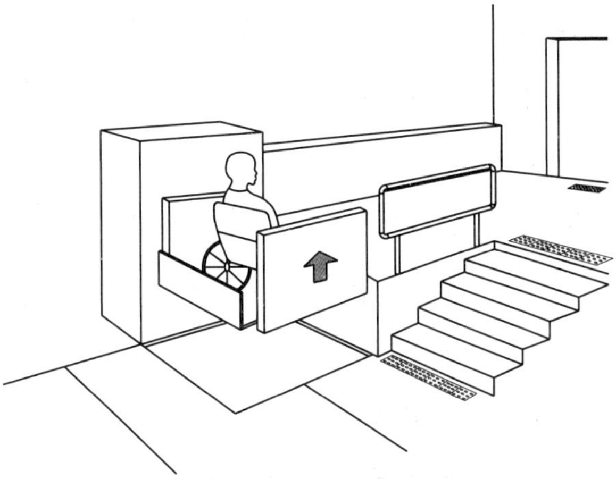

（c）同时设置台阶和升降平台的出入口

图 4-8 无障碍出入口

无障碍出入口的设置应符合下列规定：

1. 平台和雨篷：除平坡出入口外，无障碍出入口的门前应设置平台；在门完全开启的状态下，平台的净深度不应小于 1 500mm；无障碍出入口的上方应设置雨篷。

2. 通行净宽：设置出入口闸机时，至少有一台开启后的通行净宽不应小于 900mm，或者在紧邻闸机处设置供乘轮椅者通行的出入口，通行净宽不应小于 900mm。

4.6 无障碍通道

无障碍通道是指在坡度、宽度、高度上以及地面材质、扶手形式等方面方便行动障碍者通行的通道。

无障碍通道的设计应符合下列规定：

1．设置：无障碍通道上有地面高差时，应设置轮椅坡道或缘石坡道。

2．通行净宽：无障碍通道的通行净宽不应小于 1 200mm，人员密集的公共场所的通行净宽不应小于 1 800mm。

3．门洞口、检票口、结算口：无障碍通道上的门洞口应满足轮椅通行，各类检票口、结算口等应设轮椅通道，通行净宽不应小于 900mm。

4．井盖和箅子孔洞：无障碍通道上有井盖、箅子时，其孔洞的宽度或直径不应大于 13mm，条状孔洞应垂直于通行方向。

5．安全阻挡措施：自动扶梯、楼梯的下部和其他室内外低矮空间可以进入时，应在净高不大于 2 000mm 处采取安全阻挡措施，详见图 4-9。

图 4-9　低矮空间的安全阻挡措施（单位：mm）

4.7 门

无障碍通道上的门，应保障残疾人、老年人等能够顺利通行和轻松使用。门的无障碍设计应符合下列规定：

1. 原则：①满足无障碍要求的门应可以被清晰辨认，且保证方便开关和安全通过；②在无障碍通道上不应使用旋转门；③满足无障碍要求的门不应设挡块和门槛，门口有高差时，高度不应大于 15mm，并应以斜面过渡，斜面的纵向坡度不应大于 1 ∶ 10，见图 4-10。

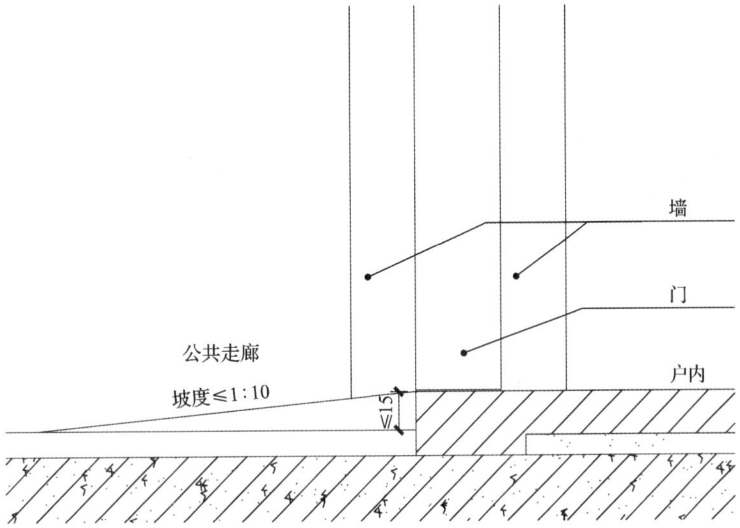

图 4-10 门槛高度和坡度（单位：mm）

2. 手动门：①新建和扩建建筑的门开启后的通行净宽不应小于 900mm，见图 4-11（a）、（b）、（c），既有建筑改造或改建的门开启后的通行净宽不应小于 800mm；②平开门的门扇外侧和里侧均应设置执手，执手应保证单手握拳操作，操作部分距地面高度应为 850mm ~ 1 000mm；③除防火门外，门开启所需的力度不应大于 25N。

3. 自动门：①开启后的通行净宽不应小于 1 000mm，见图 4-11（d）；②当设置手动启闭装置时，可操作部件的中心距地面高度应为 850mm ~ 1 000mm。

4．全玻璃门：①应选用安全玻璃或采取防护措施，并应采取醒目的防撞提示措施；②开启扇左右两侧为玻璃隔断时，门应与玻璃隔断在视觉上显著区分开，玻璃隔断也应采取醒目的防撞提示措施；③防撞提示应横跨玻璃门或隔断，距地面高度应为 850mm ~ 1 500mm。

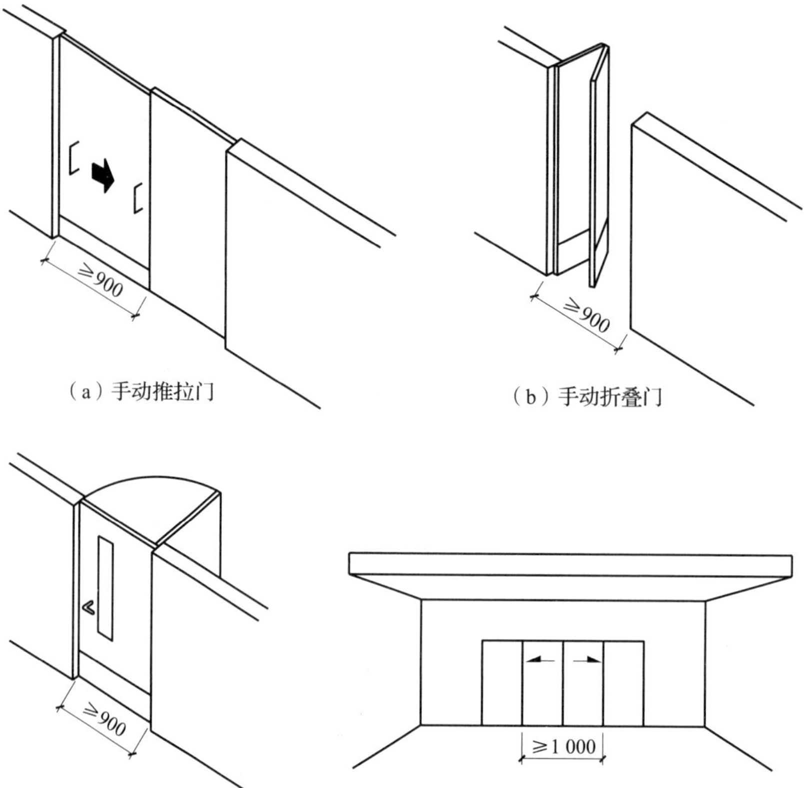

（a）手动推拉门　（b）手动折叠门

（c）手动平开门　（d）自动门

图 4-11　门通行净宽（单位：mm）

5．多道门：连续设置多道门时，两道门之间的距离除去门扇摆动的空间后的净间距不应小于 1 500mm，见图 4-12。

6．安装闭门器的门：满足无障碍要求的安装闭门器的门，从闭门器最大受控角度到完全关闭前 10°的闭门时间不应小于 3s。

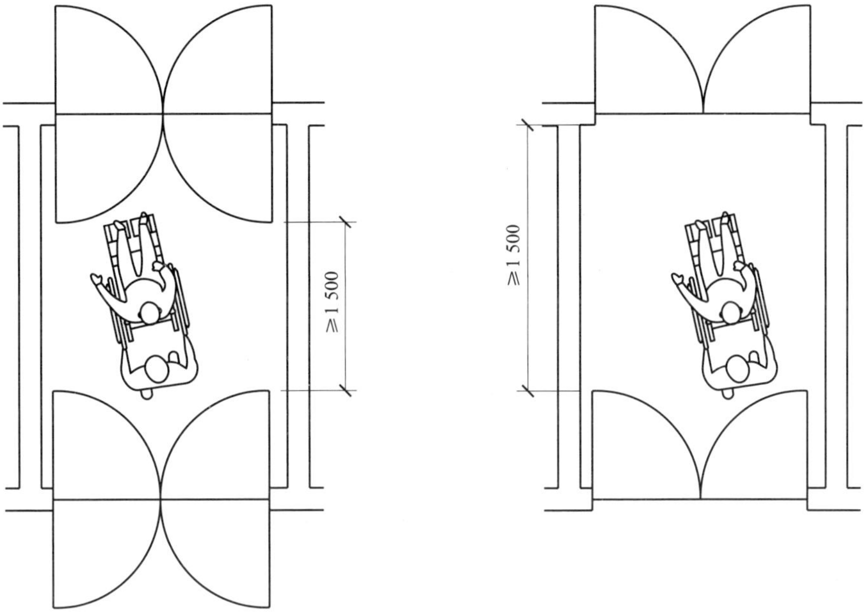

图 4–12　门间距（单位：mm）

7. 双向开启的门：满足无障碍要求的双向开启的门应在可视高度部分安装观察窗，通视部分的下沿距地面高度不应大于 850mm。

《无障碍设计规范》GB 50763—2012 对门的要求如下：

1. 轮椅回转空间：在门扇内外应留有直径不小于 1 500mm 的轮椅回转空间。

2. 门把手一侧的墙面宽度：在单扇平开门、推拉门、折叠门等手动门的门把手一侧的墙面，应设宽度不小于 400mm 的墙面（使轮椅可以靠近门把手），见图 4–13。

3. 手动门门扇：平开门、推拉门、折叠门的门扇宜设视线观察玻璃，并宜在距地 350mm 范围内安装护门板（防止轮椅搁脚板将门扇碰坏）。

4. 色差：门宜与周围墙面有一定的色彩反差，以方便识别。

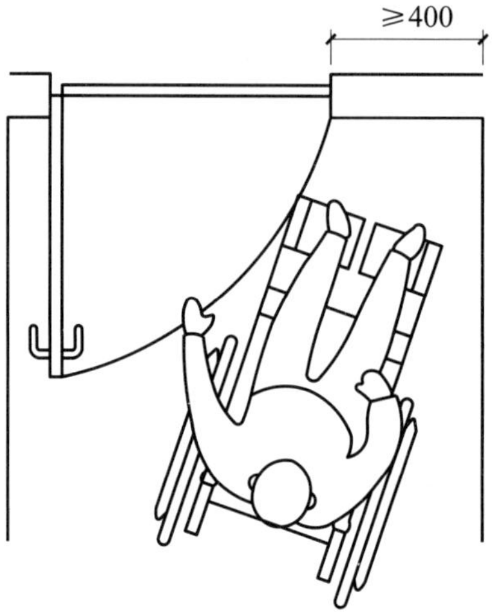

图 4-13 门操作空间（单位：mm）

门的操作部件、观察窗、护门板距地面的距离，见图 4-14。为方便手部障碍者，门执手推荐采用杆式执手，避免采用球形执手，见图 4-15。

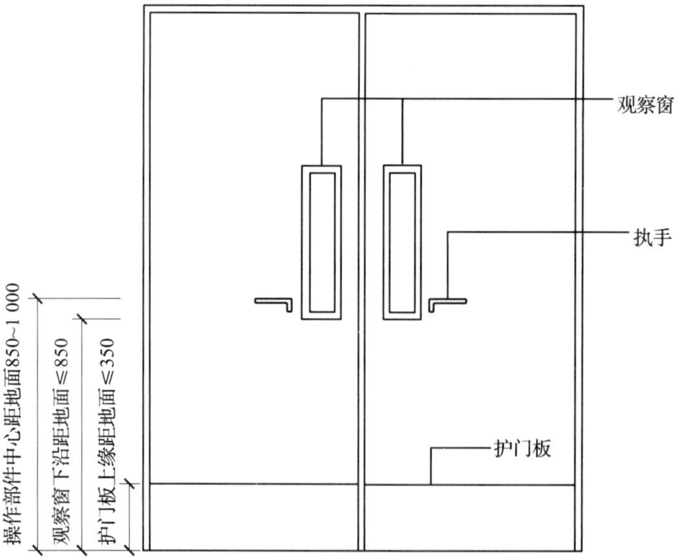

图 4-14 门附件（单位：mm）

（a）推荐：杆式执手

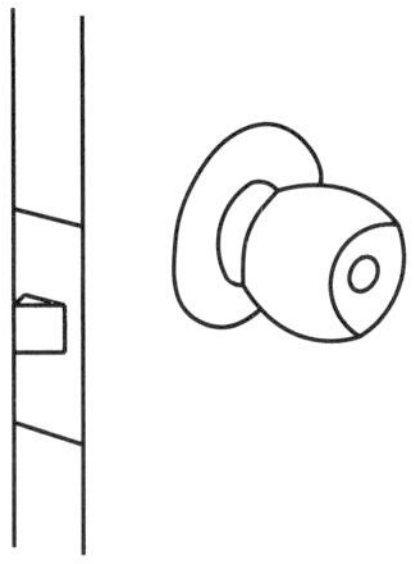

（b）避免：球形执手

图 4–15　门执手类别

4.8　无障碍电梯

无障碍电梯是指适合行动障碍者和视觉障碍者进出和使用的电梯。公共建筑内设有电梯时，至少应设置 1 部无障碍电梯。

4.8.1　候梯厅

无障碍电梯的候梯厅（图 4–16）应符合下列规定：

1. 空间：电梯门前应设直径不小于 1 500mm 的轮椅回转空间，公共建筑的候梯厅深度不应小于 1 800mm；

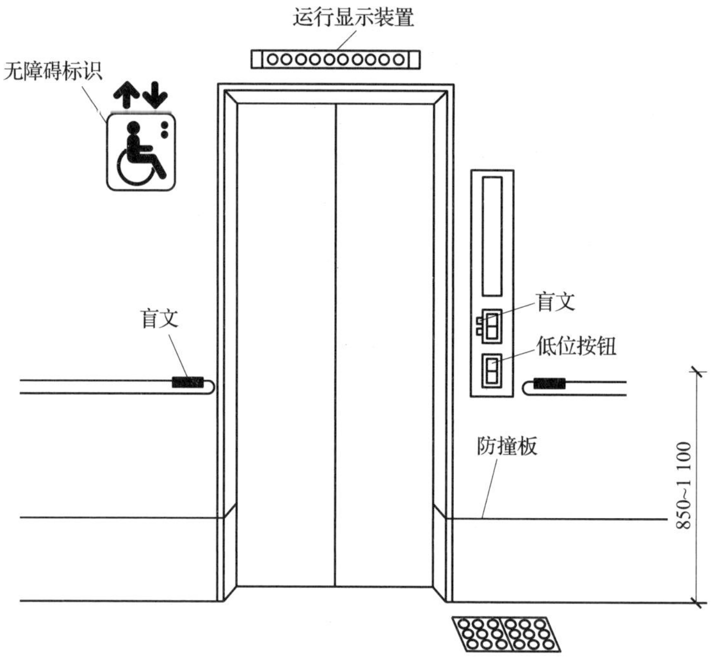

图 4-16　无障碍电梯候梯厅（单位：mm）

2. 呼叫按钮：呼叫按钮的中心距地面高度应为 850mm ~ 1 100mm，且距内转角处侧墙距离不应小于 400mm，按钮应设置盲文标识（可以告诉视觉障碍者电梯的位置和等候地点）。

3. 提示盲道：呼叫按钮前应设置提示盲道。

4. 其他设施：应设置电梯运行显示装置和抵达音响。

4.8.2　轿厢

无障碍电梯的轿厢（图 4-17）应符合下列规定：

1. 原则：无障碍电梯的轿厢的规格应依据建筑类型和使用要求选用。

2. 最小规格：满足乘轮椅者使用的最小轿厢规格，深度不应小于 1 400mm，宽度不应小于 1 100mm。

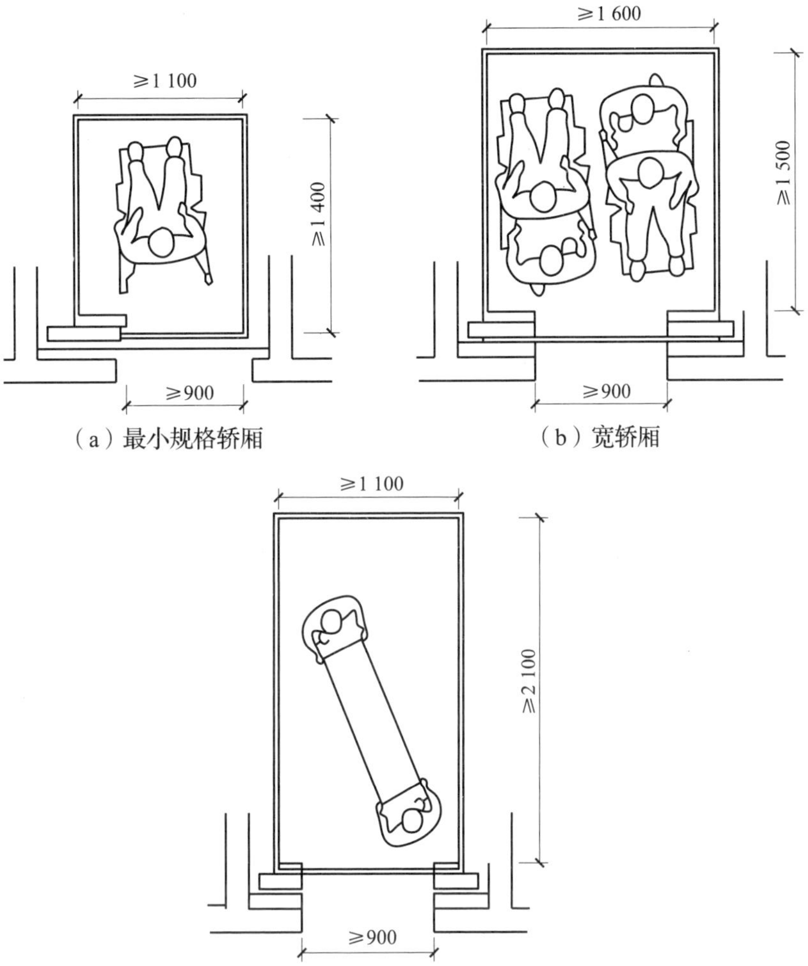

（a）最小规格轿厢　（b）宽轿厢

（c）深轿厢

图 4–17　无障碍电梯轿厢（单位：mm）

3. 同时满足轮椅和担架的轿厢：同时满足乘轮椅者使用和容纳担架的轿厢，如采用宽轿厢，深度不应小于 1 500mm，宽度不应小于 1 600mm；如采用深轿厢，深度不应小于 2 100mm，宽度不应小于 1 100mm。

4. 内部设施：轿厢内部设施应满足无障碍要求。

《无障碍设计规范》GB 50763—2012 对无障碍电梯轿厢的要求如下：

1．扶手：轿厢的三面壁上应设高 850mm ～ 900mm 的扶手，扶手应符合相关规定。

2．镜子：轿厢正面高 900mm 处至顶部应安装镜子或采用有镜面效果的材料（便于乘轮椅者正面进入电梯时可以看到后方情况）。

无障碍电梯轿厢的内部设施，见图 4–18。

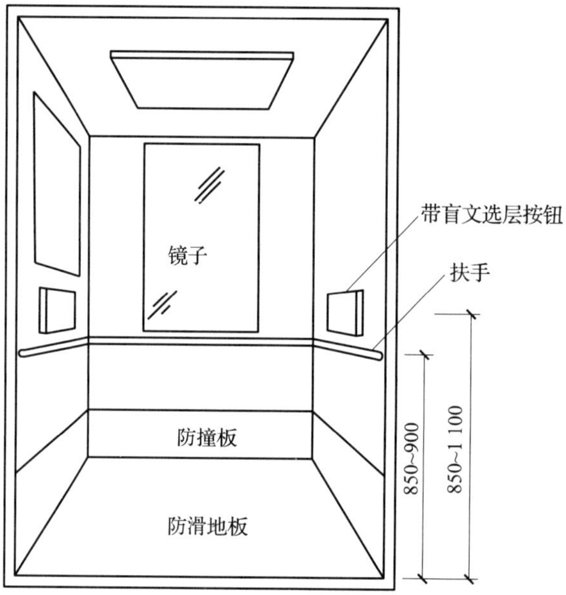

图 4–18　无障碍电梯轿厢的内部设施（单位：mm）

4.8.3　电梯门

无障碍电梯的电梯门应符合下列规定：

1．类型：应为水平滑动式门。

2．通行净宽：新建和扩建建筑的电梯门开启后的通行净宽不应小于 900mm，既有建筑改造或改建的电梯门开启后的通行净宽不应小于

800mm。

3．完全开启时间：完全开启时间应保持不小于 3s。

4.9 升降平台

升降平台是指方便乘轮椅者进行垂直或斜向通行的设施，见图 4-19。

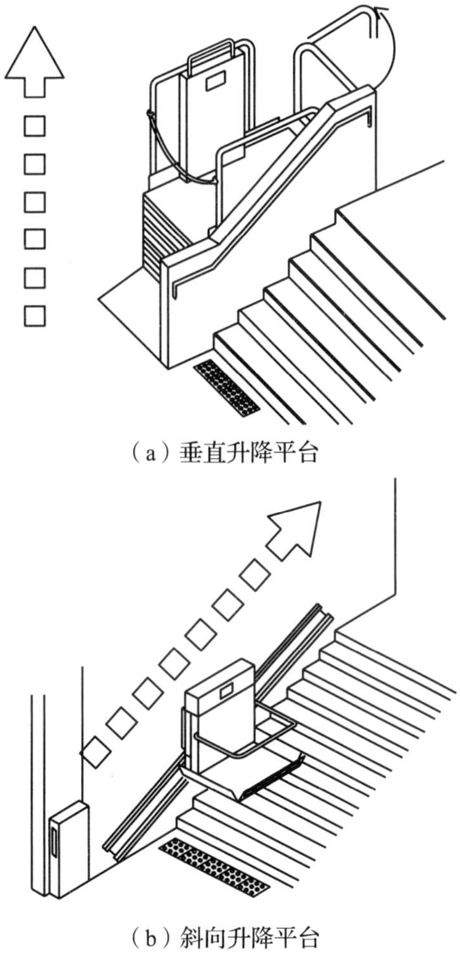

（a）垂直升降平台

（b）斜向升降平台

图 4-19 升降平台类别

升降平台应符合下列规定：

1．深度不应小于1 200mm，宽度不应小于900mm，应设扶手、安全挡板和呼叫控制按钮，呼叫按钮的中心距地面高度应为850mm ~ 1 100mm。

2．应采用防止误入的安全防护措施。

3．传送装置应设置可靠的安全防护装置。

《无障碍设计规范》GB 50763—2012对升降平台的要求如下：

1．适用条件：升降平台只适用于场地有限的改造工程。

2．垂直升降平台：①垂直升降平台的深度不应小于1 200mm，宽度不应小于900mm，应设扶手、挡板及呼叫控制按钮；②垂直升降平台的基坑应采用防止误入的安全防护措施；③垂直升降平台的传送装置应有可靠的安全防护装置。

3．斜向升降平台：斜向升降平台宽度不应小于900mm，深度不应小于1 000mm，应设扶手和挡板。

4.10 楼梯、台阶

无障碍楼梯是指在楼梯形式、宽度、踏步、地面材质、扶手形式等方面方便行动障碍及视觉障碍者使用的楼梯。

行动障碍者和视觉障碍者主要使用的三级及三级以上的台阶和楼梯应在两侧设置扶手。

视觉障碍者主要使用的楼梯和台阶应符合下列规定：

1. 提示盲道：距踏步起点和终点 250mm ~ 300mm 处应设置提示盲道，提示盲道的长度应与梯段的宽度相对应，见图 4–20。

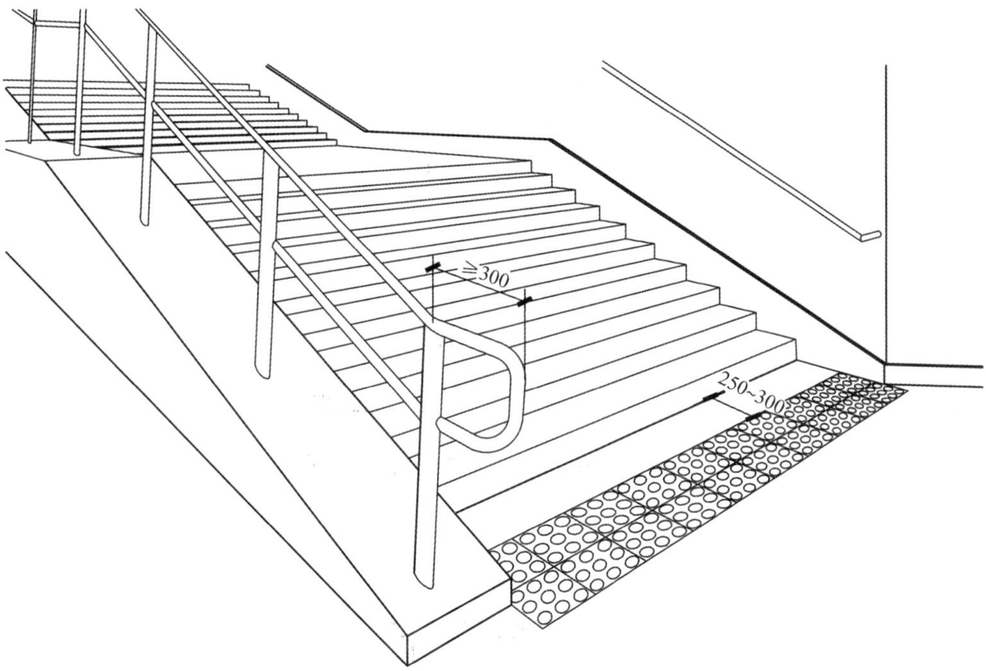

图 4–20 踏步起点和终点处应设置提示盲道

2. 颜色或材质：上行和下行的第一阶应在颜色或材质上与平台有明显区别。

3. 踏步：不应采用无踢面和直角形突缘的踏步，见图 4–21。踏步防滑条、警示条等附着物均不应突出踏面。

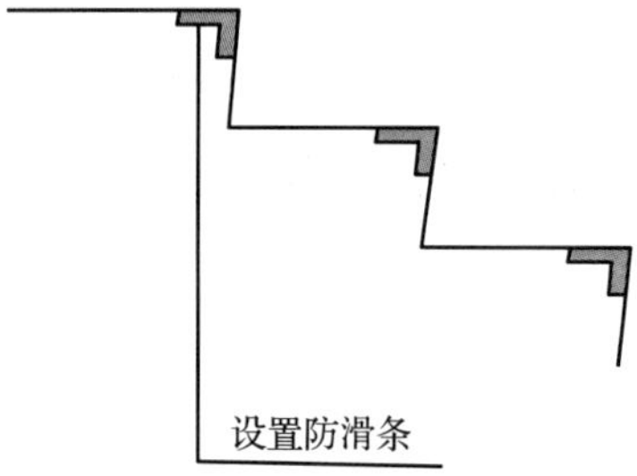

（a）推荐：防滑条的台阶

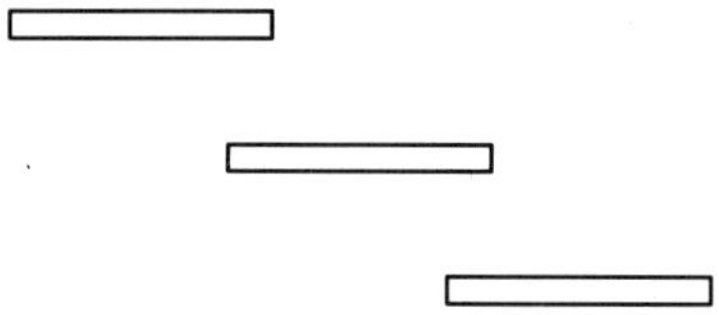

（b）避免：无踢脚面板的台阶

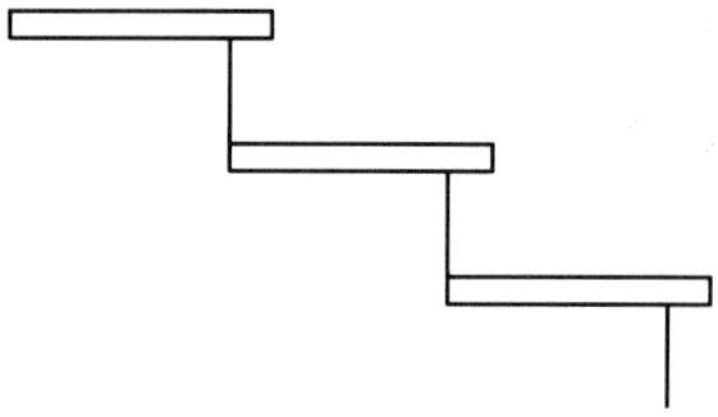

（c）避免：直角形突缘台阶

图 4-21　台阶形式

4.11　扶手

扶手是能够对老年人和残疾人等进行有效引导、防止摔落、辅助其进行移动等的设备，扶手及其连接件应安装牢固，满足一定抗压强度和抗拉强度要求。

扶手的无障碍设计应符合下列规定：

1．高度：满足无障碍要求的单层扶手的高度应为 850mm ～ 900mm；设置双层扶手时，上层扶手高度应为 850mm ～ 900mm，下层扶手高度应为 650mm ～ 700mm，见图 4–22。

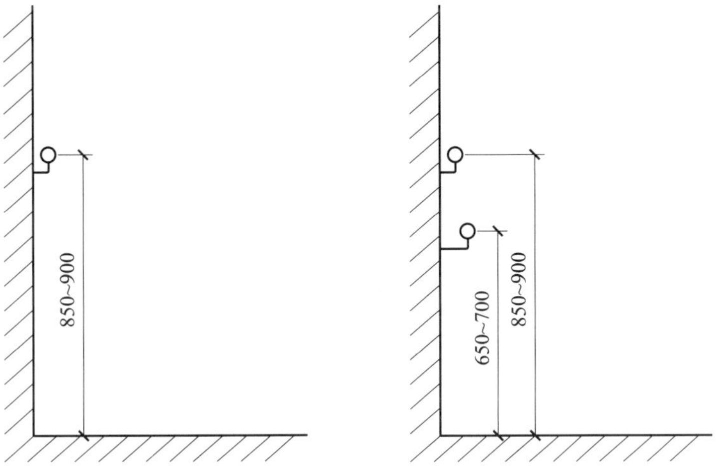

（a）单层扶手　（b）双层扶手

图 4–22　扶手高度（单位：mm）

2．连贯性：行动障碍者和视觉障碍者主要使用的楼梯、台阶和轮椅坡道的扶手应在全长范围内保持连贯。

3．水平延伸和末端延伸：行动障碍者和视觉障碍者主要使用的楼梯、台阶和轮椅坡道的扶手起点和终点处应水平延伸，延伸长度不应小于 300mm；扶手末端应向墙面或向下延伸，延伸长度不应小于 100mm，见图 4–23。

4．截面和距离：扶手应固定且安装坚固，形状和截面尺寸应易于抓握，截面的内侧边缘与墙面的净距离不应小于 40mm，见图 4–24。

5．背景：扶手应与背景有明显的颜色或亮度对比。

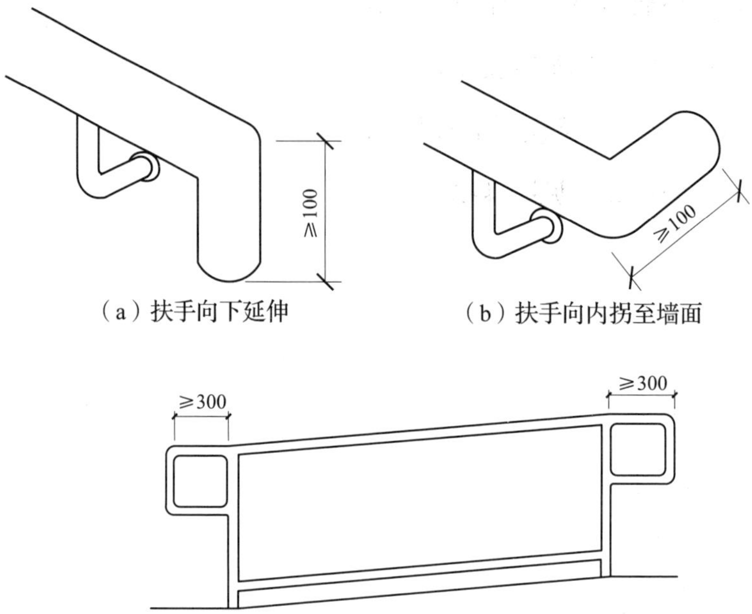

（a）扶手向下延伸　（b）扶手向内拐至墙面

（c）扶手水平延伸

图 4–23　扶手端部处理（单位：mm）

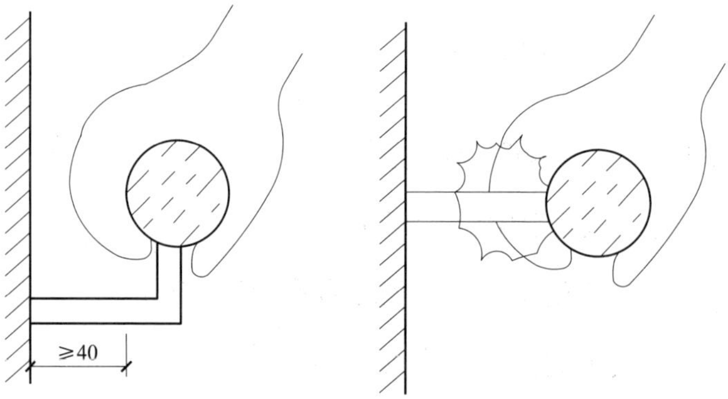

（a）推荐：L形截面　（b）不推荐：I形截面

图 4–24　扶手和墙面距离（单位：mm）

注：扶手的固定件形状常见的有 L 形和 I 形，一般推荐使用 L 形截面扶手。I 形截面扶手固定件横向安装时，会对使用者行进时手部的移动造成一定的阻碍，而 L 形截面扶手则没有这种情况。

《无障碍设计规范》GB 50763—2012 对扶手的要求如下：

1. 材质：扶手的材质宜选用防滑、热惰性指标好的材料。

2. 形状：扶手应安装坚固，形状应易于抓握。圆形扶手的直径应为 35mm ~ 50mm，矩形扶手的截面尺寸应为 35mm ~ 50mm。

4.12 无障碍机动车停车位

无障碍机动车停车位是指方便行动障碍者使用的机动车停车位。无论是设置在地上或地下的停车场地，都应将通行方便、距离出入口路线短的停车位安排为无障碍机动车停车位，如有可能宜将无障碍机动车停车位设置在出入口旁。

无障碍机动车停车位的设计应符合下列规定：

1. 位置：应将通行方便、距离出入口路线短的停车位设为无障碍机动车停车位。

2. 轮椅通道：无障碍机动车停车位一侧，应设宽度不小于 1 200mm 的轮椅通道，见图 4–25。轮椅通道与其所服务的停车位不应有高差，和人行通道有高差处应设置缘石坡道，且应与无障碍通道衔接。

3. 地面坡度：无障碍机动车停车位的地面坡度不应大于 1 : 50。

4. 标线与标识：无障碍机动车停车位的地面应设置停车线、轮椅通道线和无障碍标识，并应设置引导标识。

5. 数量：总停车数在 100 辆以下时应至少设置 1 个无障碍机动车停车位，100 辆以上时应设置不少于总停车数 1% 的无障碍机动车停车位；城市广场、公共绿地、城市道路等场所的停车位应设置不少于总停车数 2% 的无障碍机动车停车位。

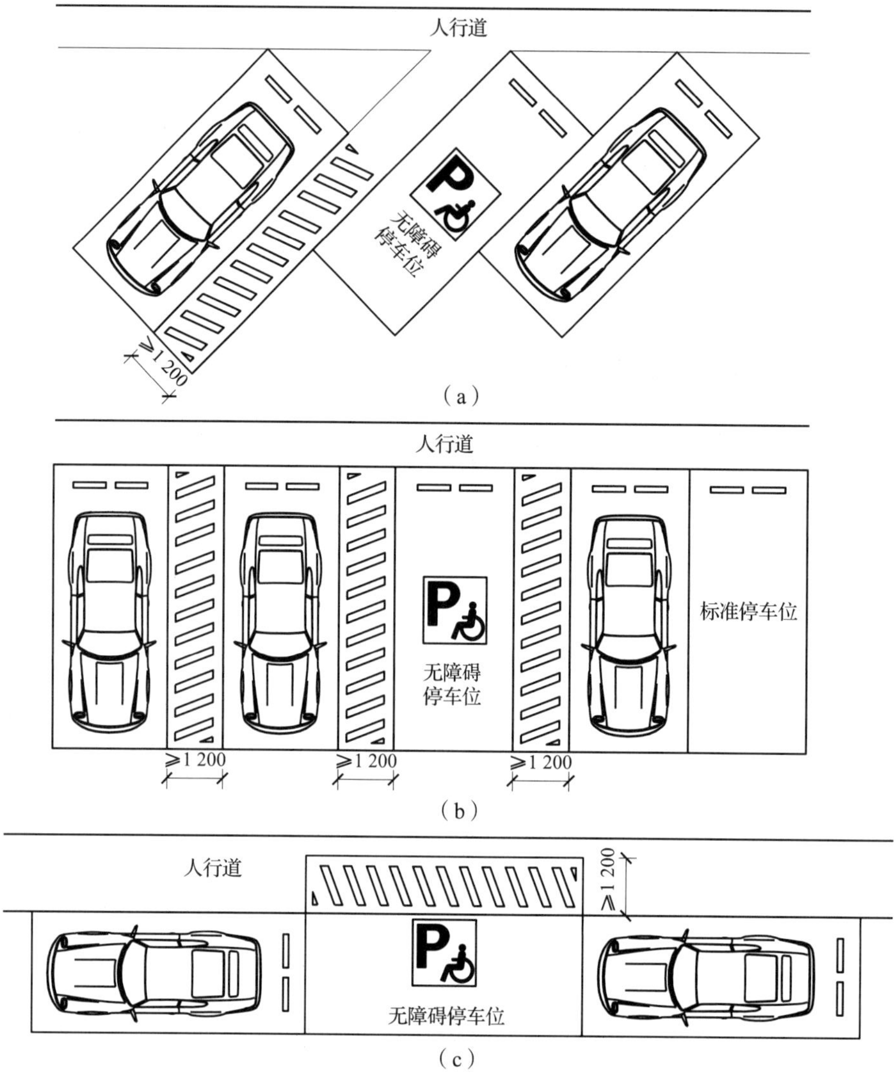

图 4-25 不同角度无障碍停车位（单位：mm）

6. 上客和落客区：无障碍小汽（客）车上客和落客区的尺寸不应小于 2 400mm × 7 000mm，与人行通道有高差处应设置缘石坡道，且应与无障碍通道衔接（客流集中的公共场所对乘坐小汽车抵达和离开的人员设有上客和落客区。在无障碍需求比较集中的区域，应设无障碍小汽车上客和落客区，以满足无障碍使用需求）。

4.13 无障碍厕所

4.13.1 公共卫生间（厕所）

满足无障碍要求的公共卫生间（厕所）应符合下列规定：①女卫生间（厕所）应设置无障碍厕位和无障碍洗手盆，男卫生间（厕所）应设置无障碍厕位、无障碍小便器和无障碍洗手盆；②内部应留有直径不小于1 500mm 的轮椅回转空间。

公共建筑中的男、女公共卫生间（厕所）应符合下列规定：每层应至少分别设置 1 个满足无障碍要求的公共卫生间（厕所），或在男、女公共卫生间（厕所）附近至少设置 1 个独立的无障碍厕所。

4.13.2 无障碍厕所

无障碍厕所是指出入口、室内空间及地面材质等方面方便行动障碍者使用，且无障碍设施齐全的小型无性别厕所。

无障碍厕所的无障碍设计应符合下列规定：

1. 位置应靠近公共卫生间（厕所），面积不应小于 4.00m^2，内部应留有直径不小于 1 500mm 的轮椅回转空间。

2. 内部应设置无障碍坐便器、无障碍洗手盆、多功能台、低位挂衣钩和救助呼叫装置。

3. 应设置水平滑动式门或向外开启的平开门。

4.13.3 无障碍坐便器

无障碍坐便器（图 4-26）应符合下列规定：

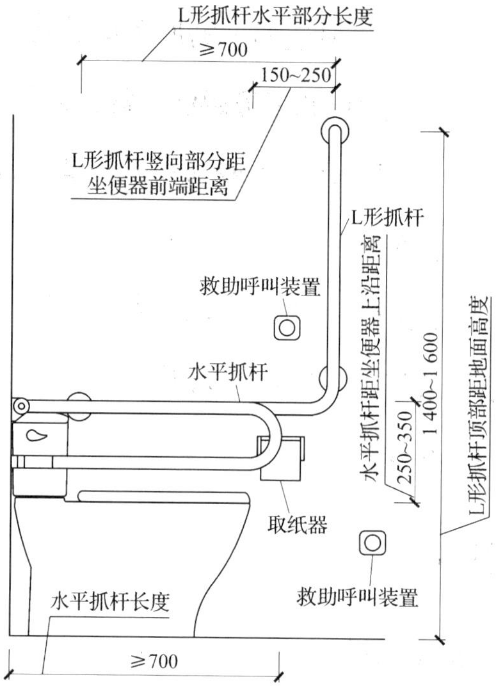

图 4-26 无障碍坐便器（单位：mm）

1. 无障碍坐便器两侧应设置安全抓杆，轮椅接近坐便器一侧应设置可垂直或水平 90°旋转的水平抓杆，另一侧应设置 L 形抓杆。

2. 轮椅接近无障碍坐便器一侧设置的可垂直或水平 90° 旋转的水平安全抓杆距坐便器的上沿高度应为 250mm ~ 350mm，长度不应小于 700mm。

3. 无障碍坐便器另一侧设置的 L 形安全抓杆，其水平部分距坐便器的上沿高度应为 250mm ~ 350mm，水平部分长度不应小于 700mm；其竖向部分应设置在坐便器前端 150mm ～ 250mm，竖向部分顶部距地面高度应为 1 400mm ～ 1 600mm。

4．无障碍坐便器水箱控制装置应位于易于触及的位置，应可自动操作或单手操作。

5．取纸器应设在无障碍坐便器的侧前方。

6．在无障碍坐便器附近应设置救助呼叫装置，并满足坐在无障碍坐便器上和跌倒在地面的人均能够使用。

4.13.4　无障碍小便器

无障碍小便器（图 4–27）应符合下列规定：

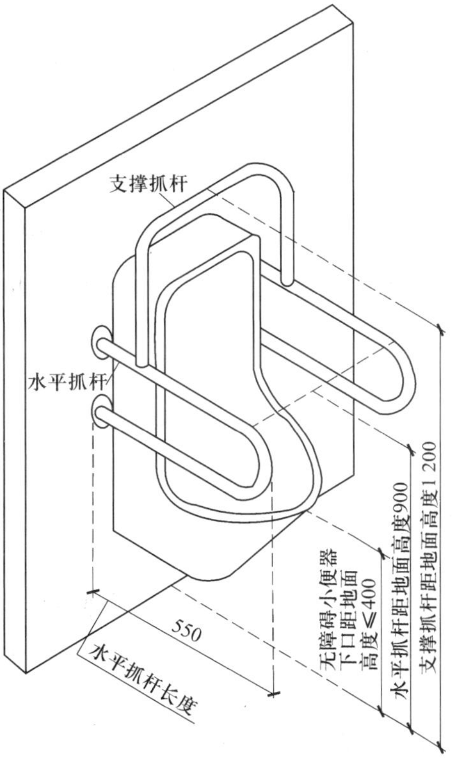

图 4–27　无障碍小便器（单位：mm）

1. 无障碍小便器下口距地面高度不应大于 400mm。

2. 应在无障碍小便器两侧设置长度为 550mm 的水平安全抓杆，距地面高度应为 900mm。应在无障碍小便器上部设置支撑安全抓杆，距地面高度应为 1200mm。

4.13.5 无障碍洗手盆

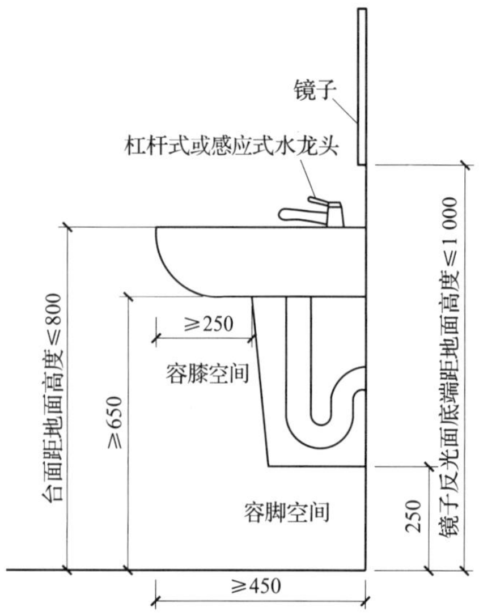

图 4–28 无障碍洗手盆（单位：mm）

无障碍洗手盆（图 4–28）应符合下列规定：

1. 台面距地面高度不应大于 800mm，水嘴中心距侧墙不应小于 550mm，其下部应留出不小于宽 750mm、高 650mm、距地面高度 250mm 范围内进深不小于 450mm、其他部分进深不小于 250mm 的容膝容脚空间。

2. 应在无障碍洗手盆上方安装镜子，镜子反光面的底端距地面的高度不应大于 1 000mm。

3. 出水龙头应采用杠杆式水龙头或感应式自动出水方式。

4.13.6 无障碍厕位

无障碍厕位是指公共厕所内设置的带坐便器及安全抓杆且方便行动障碍者进出和使用的带隔间的厕位。

无障碍厕位（图 4–29）应符合下列规定：

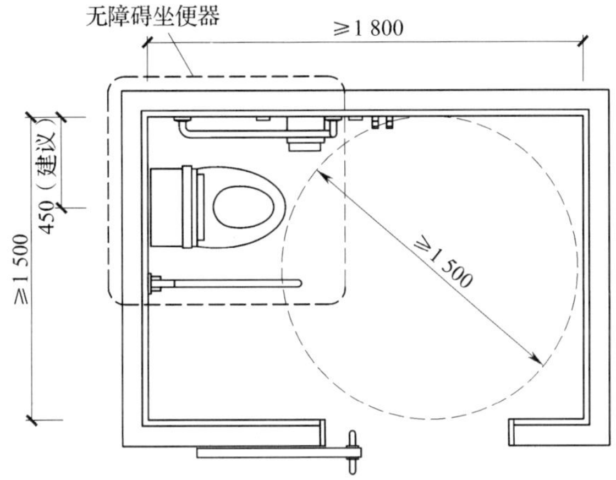

图 4-29 无障碍厕位（单位：mm）

1. 应方便乘轮椅者到达和进出，尺寸不应小于 1 800mm × 1 500mm。

2. 如采用向内开启的平开门，应在开启后厕位内留有直径不小于 1 500mm 的轮椅回转空间，并应采用门外可紧急开启的门闩。

3. 应设置无障碍坐便器。

4.14 公共浴室、更衣室

4.14.1 公共浴室

1. 满足无障碍要求的公共浴室应符合下列规定：

（1）应设置至少 1 个无障碍淋浴间或盆浴间和 1 个无障碍洗手盆。

（2）无障碍淋浴间的短边宽度不应小于 1 500mm，淋浴间前应设一块不小于 1 500mm × 800mm 的净空间，和淋浴间入口平行的一边的长度不应小于 1 500mm。

（3）淋浴间入口应采用活动门帘。

2. 无障碍淋浴间（图 4–30）应符合下列规定：

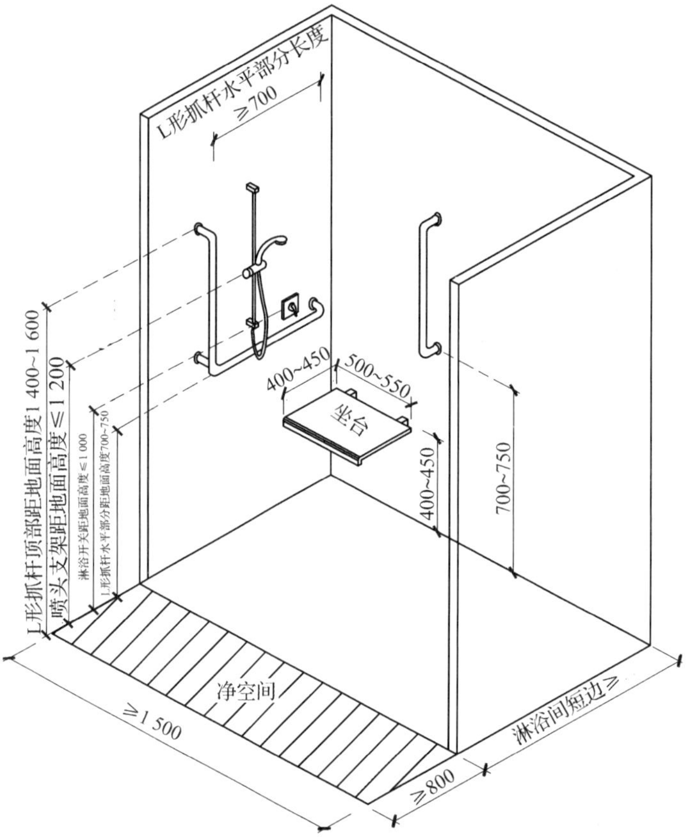

图 4–30 无障碍淋浴间（单位：mm）

（1）内部空间应方便乘轮椅者进出和使用。

（2）淋浴间前应设便于乘轮椅者通行和转动的净空间。

（3）浴间坐台应安装牢固，高度应为 400mm ~ 450mm，深度应为 400mm ~ 500mm，宽度应为 500mm ~ 550mm。

（4）应设置 L 形安全抓杆，其水平部分距地面高度应为 700mm ~

750mm，长度不应小于 700mm，其垂直部分应设置在浴间坐台前端，顶部距地面高度应为 1 400mm ～ 1 600mm。

（5）淋浴控制开关的高度距地面高度不应大于 1 000mm；应设置一个手持的喷头，其支架高度距地面高度不应大于 1 200mm，淋浴软管长度不应小于 1 500mm。

3．无障碍盆浴间（图 4-31）应符合下列规定：

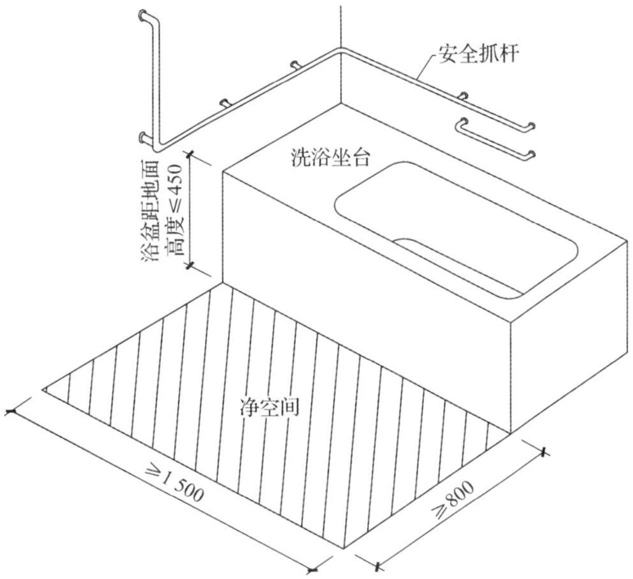

图 4-31　无障碍盆浴间（单位：mm）

（1）浴缸侧面应设不小于 1 500mm × 800mm 的净空间，和浴缸平行的一边的长度不应小于 1 500mm。

（2）浴缸距地面高度不应大于 450mm。在浴盆一端设置方便进入和使用的坐台。

（3）应沿浴盆长边和洗浴坐台旁设置安全抓杆。

4.14.2 更衣室

无障碍更衣室应符合下列规定：

1. 乘轮椅者使用的储物柜前应设直径不小于 1 500mm 的轮椅回转空间。
2. 乘轮椅者使用的座椅的高度应为 400mm ～ 450mm。

4.14.3 母婴室

母婴室是指设有婴儿打理台、水池、座椅等设施，便于携婴父母出门在外对哺乳期婴儿进行照料或临时休息使用的房间。通常设于商业综合体、交通枢纽、医疗机构、游乐场馆、文体教育等大型公共场所，面积一般不宜小于 $10m^2$。根据《母婴室设计指导性图集》（津 20J24），母婴室的哺乳空间中应设置窗帘、屏风等，注意保护个人隐私，参考布局见图 4-32。

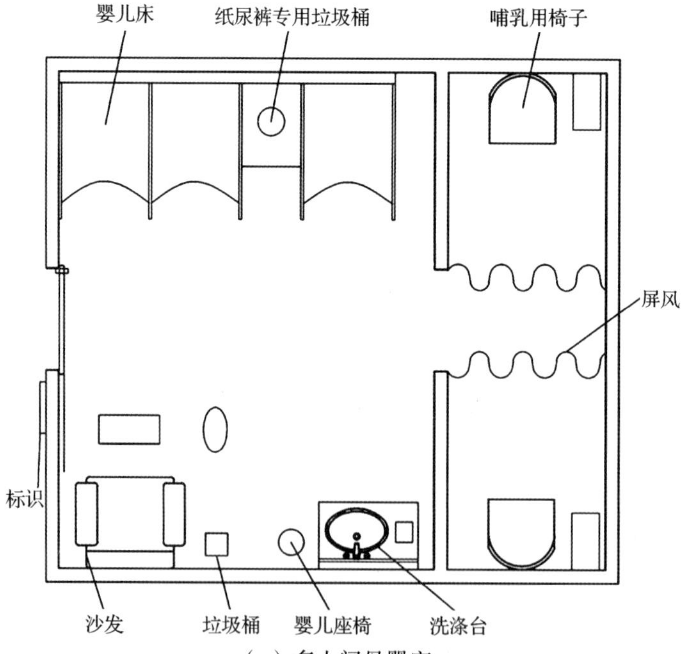

（a）多人间母婴室

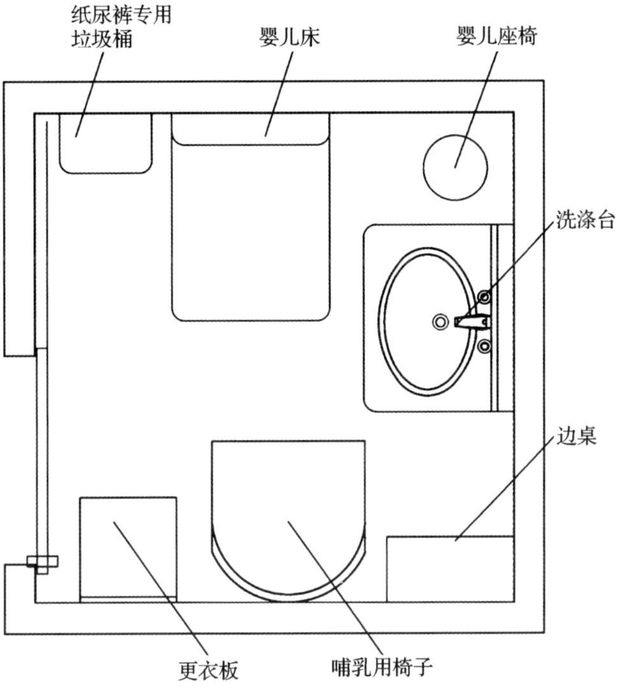

（b）单人间母婴室

图 4–32 母婴室布局

4.15 无障碍客房、无障碍住房

无障碍客房（图 4–33）和无障碍住房、居室的设计应符合以下规定：

1. 位置：无障碍客房和无障碍住房、居室应设于底层或无障碍电梯可达的楼层，应设在便于到达、疏散和进出的位置，并应与无障碍通道连接。

2. 人员活动空间：应保证轮椅进出，内部应设轮椅回转空间。主要人员活动空间应设置救助呼叫装置。

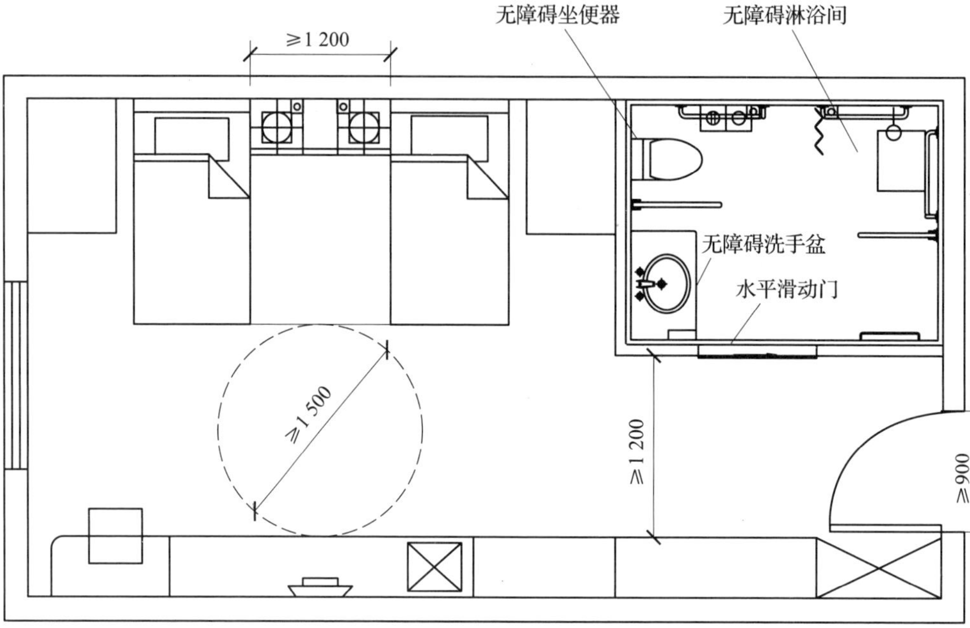

图 4–33　无障碍客房（单位：mm）

3. 无障碍卫生间：无障碍客房和无障碍住房、居室内应设置无障碍卫生间，并符合以下规定：①应保证轮椅进出，内部应设轮椅回转空间；②内部应设置无障碍坐便器、无障碍洗手盆、无障碍淋浴间或盆浴间、低位挂衣钩、低位毛巾架、低位搁物架和救助呼叫装置；③应设置水平滑动式门或向外开启的平开门。

4. 无障碍厨房：无障碍客房和无障碍住房设置厨房时应为无障碍厨房。

5. 床侧通道：乘轮椅者上下床用的床侧通道宽度不应小于 1 200mm。

6. 窗户：窗户可开启扇的执手或启闭开关距地面高度应为 850mm ~ 1 000mm，手动开关窗户操作所需的力度不应大于 25N。

7. 门禁和门铃：无障碍住房的门禁和无障碍客房的门铃应同时满足听觉障碍者、视觉障碍者和言语障碍者使用。

无障碍厨房（图 4–34）应符合下列规定：①厨房设施和电器应方便乘轮椅者靠近和使用；②操作台面距地面高度应为 700mm ~ 850mm，其下部应留出不小于宽 750mm、高 650mm、距地面高度 250mm 范围内进深不小于 450mm、其他部分进深不小于 250mm 的容膝容脚空间；③水槽应与工作台底部的操作空间隔开。

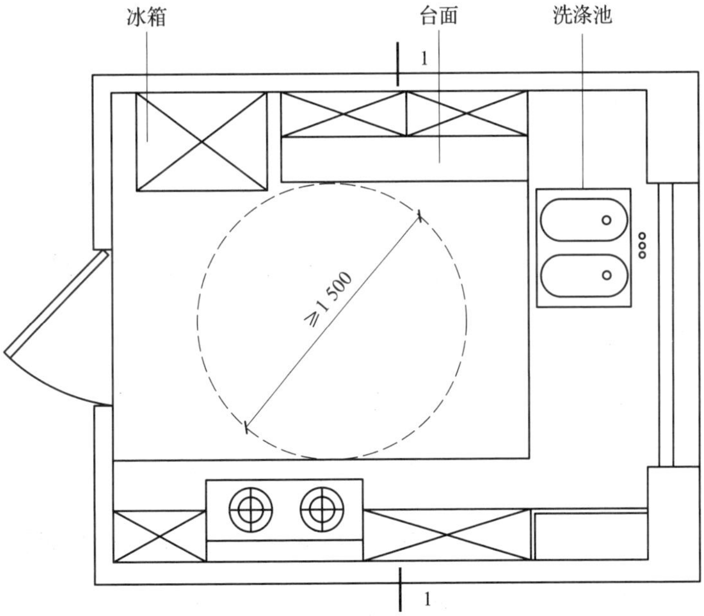

（a）厨房设施和电器应方便乘轮椅者靠近和使用

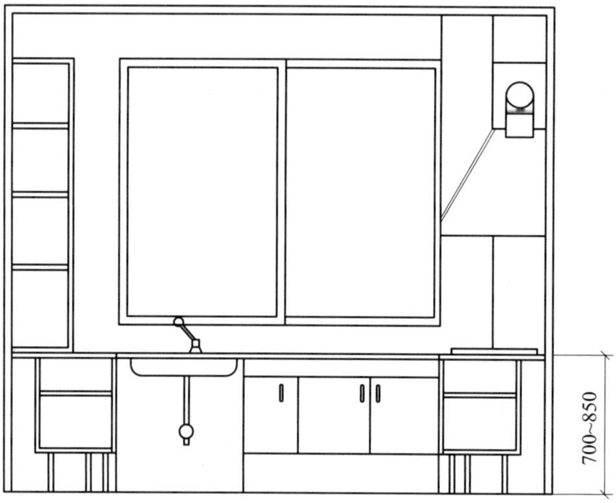

（b）操作台下部容膝容脚空间

图 4–34　无障碍厨房（单位：mm）

4.16　轮椅席位

轮椅席位是指在观众厅、报告厅、阅览室及教室等设有固定席位的场所内，供乘轮椅者使用的位置。陪护席位是指设置于轮椅席位附近，方便陪伴者照顾乘轮椅者使用的席位。

轮椅席位的设计应符合下列规定：

1. 位置：①轮椅席位应设置在便于疏散的位置，不应设置在公共通道范围内；②轮椅席位的观看视线不应受到遮挡，也不应遮挡他人视线。③轮椅席位区应通过无障碍通行设施与疏散出口、公共服务、卫生间、讲台等必要的功能空间和设施连接。

2. 坡度：轮椅席位的地面坡度不应大于 1∶50。

3. 净尺寸：每个轮椅席位的净尺寸深度不应小于 1 300mm，宽度不应小于 800mm，见图 4-35。

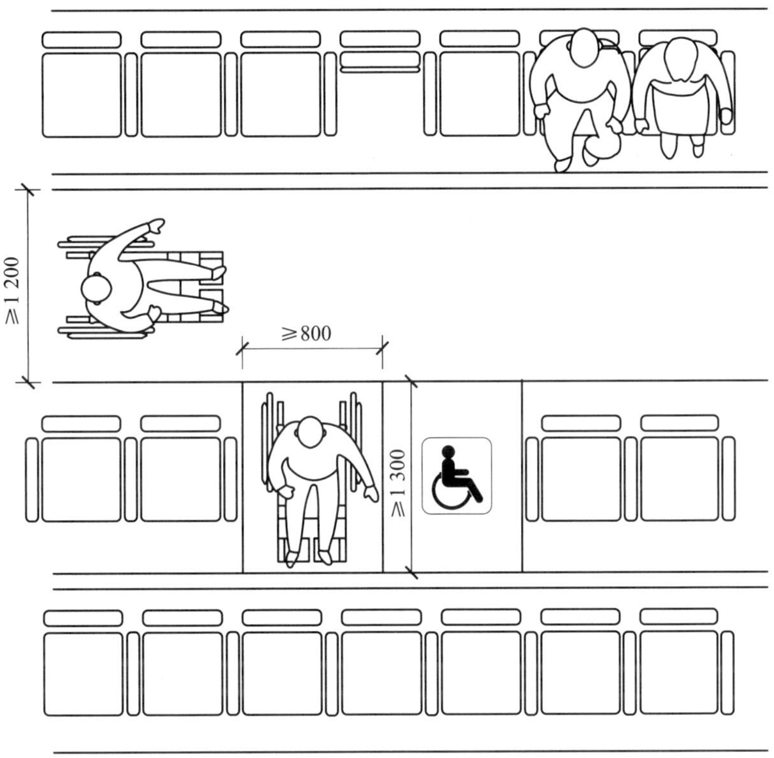

图 4-35　轮椅席位净尺寸（单位：mm）

4. 数量：观众席为 100 座及以下时应至少设置 1 个轮椅席位；101 座 ~ 400 座时应至少设置 2 个轮椅席位；400 座以上时，每增加 200 个座位应至少增设 1 个轮椅席位。

5. 陪护席位：在轮椅席位旁或邻近的座席处应设置 1∶1 的陪护席位，见图 4-36。

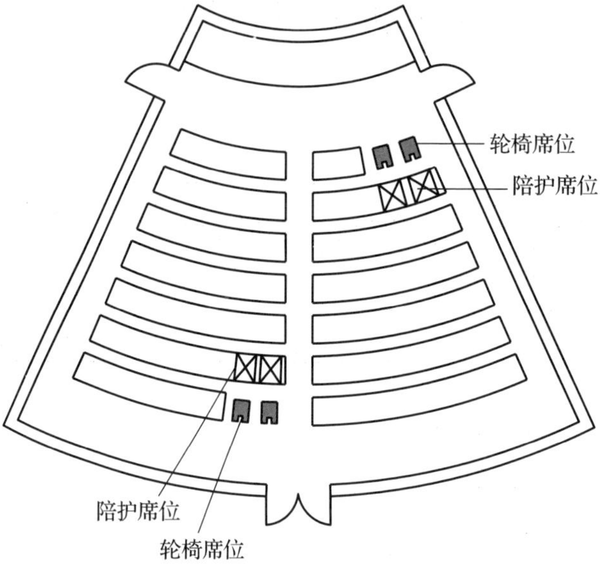

图 4-36　轮椅席位旁设置陪护席位

《无障碍设计规范》GB 50763—2012 要求，观众厅内通往轮椅席位的通道宽度不应小于 1 200mm，轮椅席位处地面上应设置无障碍标识。

4.17　低位服务设施

低位服务设施（图 4-37）的设计应符合下列规定：

1. 设置场所：①为公众提供服务的各类服务台均应设置低位服务设施，包括问询台、接待处、业务台、收银台、借阅台、行李托运台等。②当设置饮水机、自动取款机、自动售票机、自动贩卖机等时，每个区域的不同类型设施应至少有 1 台为低位服务设施。

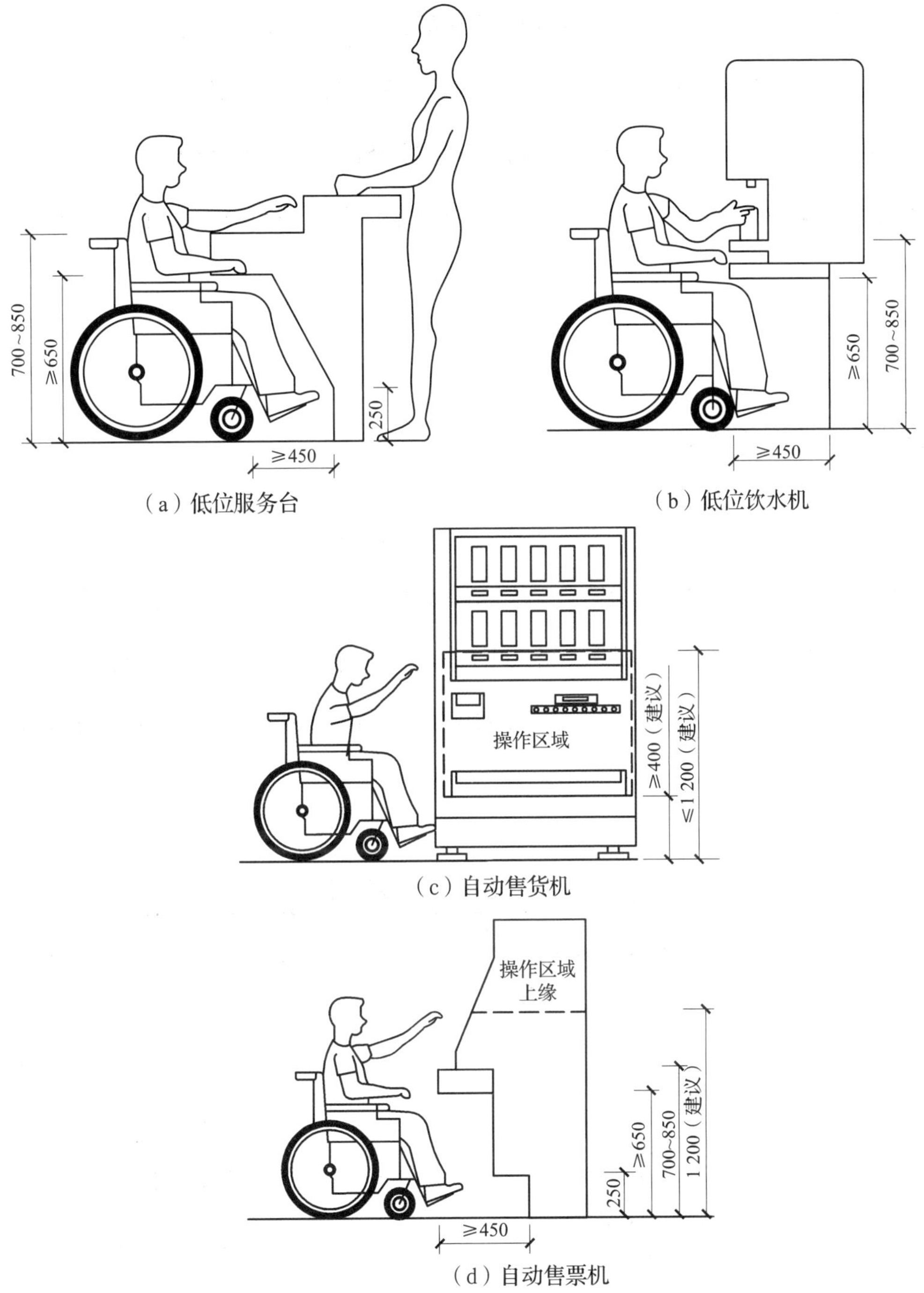

图 4–37　低位服务设施类别（单位：mm）

2. 轮椅回转空间：低位服务设施前应留有轮椅回转空间。

3. 尺寸：低位服务设施的上表面距地面高度应为 700mm ~ 850mm，台面的下部应留出不小于宽 750mm、高 650mm、距地面高度 250mm 范围内进深不小于 450mm、其他部分进深不小于 250mm 的容膝容脚空间。

4.18 无障碍标识

无障碍标识的内容非常丰富，包括位置标识、导向标识、平面示意图、信息办、街区导向图等。《公共信息图形符号　第 9 部分：无障碍设施符号》GB/T 10001.9—2021 是针对无障碍标识的国家标准，该标准规定了视力障碍者、肢体障碍者、听力障碍者、老年人等特殊人群适用的标识符号。常用的无障碍设施标识见表 4–1。

表 4–1　无障碍设施标识

名称	无障碍标识的具体形式	名称	无障碍标识的具体形式
无障碍通道		低位电话	

续表 4–1

名称	无障碍标识的具体形式	名称	无障碍标识的具体形式
轮椅坡道		听觉障碍者使用设施	
无障碍电梯		视觉障碍者使用设施	
无障碍厕所		肢体障碍者使用设施	
无障碍客房		供导盲犬使用的设施	
无障碍停车位			

无障碍标识应符合下列规定：

1. 无障碍标识应纳入室内外环境的标识系统，应连续并清楚地指明无障碍设施的位置和方向。

2. 无障碍标识的安装位置和高度应保证从站立和座位的视觉角度都能够看见，并且不应被其他任何物品遮挡。

3. 无障碍设施处均应设置无障碍标识。

4. 对需要安全警示处，应同时提供包括视觉标识和听觉标识的警示标识。

标识的安装形式主要有贴壁式（附着式）、地牌式、悬挑式、悬挂式、电子媒体式，参见图 4–38，此外还有不常用的融合式、独立雕塑式、屋顶式、屋檐式、橱窗式、旗帜式等形式。

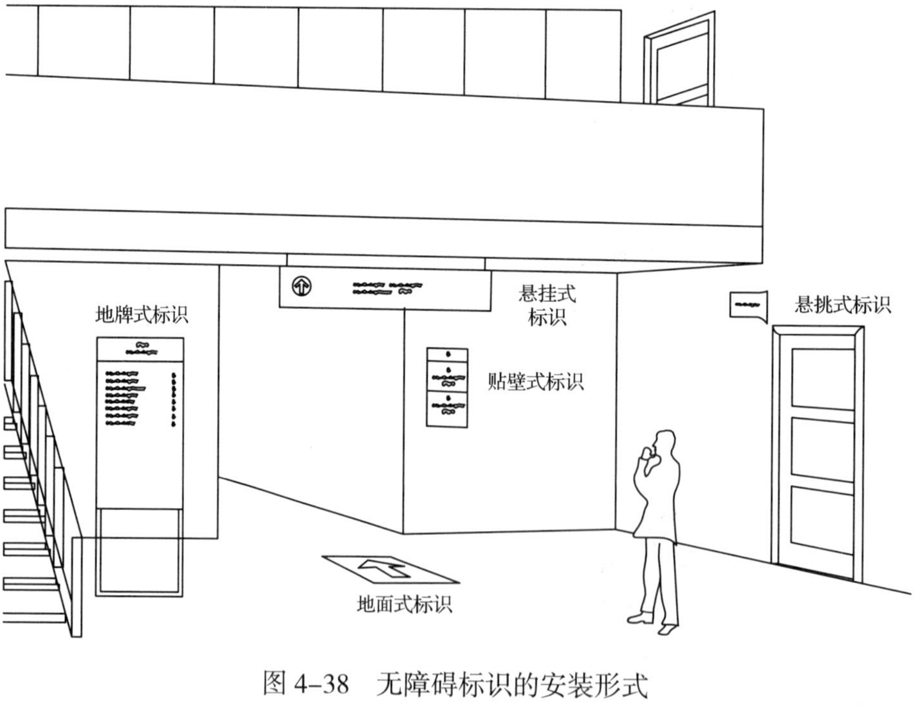

图 4–38 无障碍标识的安装形式

5 公共场所无障碍设计要点

城市道路、居住区、公共建筑等各类场所应根据《建筑与市政工程无障碍通用规范》GB 55019—2021、《无障碍设计规范》GB 50763—2012 和现行相关标准进行无障碍设计。本章对相关标准和各类场所无障碍设计要点进行概述。

5.1 相关标准

5.1.1 国家标准

现行国家标准包含无障碍设计相关内容的主要有：

1.《建筑与市政工程无障碍通用规范》GB 55019—2021。

2.《无障碍设计规范》GB 50763—2012。

3.《无障碍设施施工验收及维护规范》GB 50642—2011。

4.《民用建筑设计统一标准》GB 50352—2019。

5.《城市道路交通设施设计规范》GB 50688—2011（2019 年版）。

6.《城镇老年人设施规划规范》GB 50437—2007（2018 年版）。

7.《公园设计规范》GB 51192—2016。

8.《冰雪景观建筑技术标准》GB 51202—2016。

9.《智能建筑设计标准》GB 50314—2015。

10.《城市道路交通标志和标线设置规范》GB 51038—2015。

11.《防灾避难场所设计规范》GB 51143—2015（2021 年版）。

12.《综合医院建筑设计规范》GB 51039—2014。

13.《精神专科医院建筑设计规范》GB 51058—2014。

14.《传染病医院建筑设计规范》GB 50849—2014。

15.《地铁设计规范》GB 50157—2013。

16.《疾病预防控制中心建筑技术规范》GB 50881—2013。

17.《住宅设计规范》GB 50096—2011。

18.《中小学校设计规范》GB 50099—2011。

19.《城市道路交叉口规划规范》GB 50647—2011。

20.《城市轨道交通技术规范》GB 50490—2009。

21.《公共建筑标识系统技术规范》GB/T 51223—2017。

22.《乡村道路工程技术规范》GB/T 51224—2017。

23.《轻轨交通设计标准》GB/T 51263—2017。

24.《国家森林公园设计规范》GB/T 51046—2014。

25.《急救中心建筑设计规范》GB/T 50939—2013。

5.1.2 行业标准

城镇建设领域、建筑工程领域的现行行业标准包含无障碍设计相关内容的主要有：

1.《动物园设计规范》CJJ 267—2017。

2.《城市公共厕所设计标准》CJJ 14—2016。

3.《城镇道路养护技术规范》CJJ 36—2016。

4.《城市道路照明设计标准》CJJ 45—2015。

5.《城市道路路线设计规范》CJJ 193—2012。

6.《城市桥梁设计规范》CJJ 11—2011（2019 年版）。

7.《快速公共汽车交通系统设计规范》CJJ 136—2010。

8.《城市道路交叉口设计规程》CJJ 152—2010。

9.《城市人行天桥与人行地道技术规范》CJJ 69—95。

10.《城镇绿道工程技术标准》CJJ/T 304—2019。

11.《植物园设计标准》CJJ/T 300—2019。

12.《居住绿地设计标准》CJJ/T 294—2019。

13.《动物园管理规范》CJJ/T 263—2017。

14.《城市道路公共交通站、场、厂工程设计规范》CJJ/T 15—2011。

15.《特殊教育学校建筑设计标准》JGJ 76—2019。

16.《科研建筑设计标准》JGJ 91—2019。

17.《托儿所、幼儿园建筑设计规范》JGJ 39—2016（2019 年版）。

18.《老年人照料设施建筑设计标准》JGJ 450—2018。

19.《监狱建筑设计标准》JGJ 446—2018。

20.《饮食建筑设计标准》JGJ 64—2017。

21.《宿舍建筑设计规范》JGJ 36—2016。

22.《剧场建筑设计规范》JGJ 57—2016。

23.《图书馆建筑设计规范》JGJ 38—2015。

24.《博物馆建筑设计规范》JGJ 66—2015。

25.《车库建筑设计规范》JGJ 100—2015。

26.《商店建筑设计规范》JGJ 48—2014。

27.《旅馆建筑设计规范》JGJ 62—2014。

28.《档案馆建筑设计规范》JGJ 25—2010。

29.《展览建筑设计规范》JGJ 218—2010。

30.《镇（乡）村文化中心建筑设计规范》JGJ 156—2008。

31.《电影院建筑设计规范》JGJ 58—2008。

32.《体育建筑设计规范》JGJ 31—2003。

33.《疗养院建筑设计标准》JGJ/T 40—2019。

34.《办公建筑设计标准》JGJ/T 67—2019。

35.《养老服务智能化系统技术标准》JGJ/T 484—2019。

36.《建筑防护栏杆技术标准》JGJ/T 470—2019。

37.《建材及装饰材料经营场馆建筑设计标准》JGJ/T 452—2018。

38.《装配式住宅建筑设计标准》JGJ/T 398—2017。

39.《公墓和骨灰寄存建筑设计规范》JGJ/T 397—2016。

40.《文化馆建筑设计规范》JGJ/T 41—2014。

41.《建筑地面工程防滑技术规程》JGJ/T 331—2014。

42.《交通客运站建筑设计规范》JGJ/T 60—2012。

5.2 城市道路

城市道路无障碍设计的范围包括：①城市各级道路；②城镇主要道路；③步行街；④旅游景点、城市景观带的周边道路。

城市道路、桥梁、隧道、立体交叉中人行系统均应进行无障碍设计，主要包括人行道、人行横道、人行天桥及地道、公交车站。无障碍设施应沿行人通行路径布置。

5.2.1 人行道

缘石坡道应符合下列规定：人行道在各种路口、各种出入口位置必须设置缘石坡道；人行横道两端必须设置缘石坡道。

盲道应符合下列规定：城市主要商业街、步行街的人行道应设置盲道；视觉障碍者集中区域周边道路应设置盲道；坡道的上下坡边缘处应设置提示盲道；道路周边场所、建筑等出入口设置的盲道应与道路盲道相衔接。

轮椅坡道应符合下列规定：人行道设置台阶处，应同时设置轮椅坡道；轮椅坡道的设置应避免干扰行人通行及其他设施的使用。

服务设施应符合下列规定：服务设施的设置应为残障人士提供方便；宜为视觉障碍者提供触摸及音响一体化信息服务设施；设置屏幕信息服务设施，宜为听觉障碍者提供屏幕手语及字幕信息服务；低位服务设施的设置，应方便乘轮椅者使用；设置休息座椅时，应设置轮椅停留空间。

5.2.2 人行横道

人行横道应符合下列规定：人行横道宽度应满足轮椅通行需求；人行横道安全岛的形式应方便乘轮椅者使用；城市中心区及视觉障碍者集中区域的人行横道，应配置过街音响提示装置。

5.2.3 人行天桥及地道

盲道应符合下列规定：设置于人行道中的行进盲道应与人行天桥及地道出入口处的提示盲道相连接；人行天桥及地道出入口处应设置提示盲道；距每段台阶与坡道的起点与终点 250mm ~ 500mm 处应设提示盲道，其长度应与坡道、梯道相对应。

坡道应符合下列规定：要求满足轮椅通行需求的人行天桥及地道处宜设置坡道，当设置坡道有困难时，应设置无障碍电梯；坡道的净宽度不应小于 2 000mm；坡道的坡度不应大于 1∶12；弧线形坡道的坡度，应以弧线内缘的坡度进行计算；坡道的高度每升高 1 500mm 时，应设深度不小于 2 000mm 的中间平台；坡道的坡面应平整、防滑。

扶手应符合下列规定：人行天桥及地道在坡道的两侧应设扶手，扶手宜设上、下两层；在栏杆下方宜设置安全阻挡措施；扶手起点水平段宜安装盲文铭牌。

此外，当人行天桥及地道无法满足轮椅通行需求时，宜考虑地面安全通行。人行天桥桥下的三角区净空高度小于2 000mm时，应安装防护设施，并应在防护设施外设置提示盲道。

5.2.4 公交车站

站台应符合下列规定：站台有效通行宽度不应小于1 500mm；在车道之间的分隔带设公交车站时，应方便乘轮椅者使用。

盲道应符合下列规定：站台距路缘石250mm ~ 500mm处应设置提示盲道，其长度应与公交车站的长度相对应；当人行道中设有盲道系统时，应与公交车站的盲道相连接。

盲文信息应符合下列规定：公交车站宜设置盲文站牌或语音提示服务设施，盲文站牌的位置、高度、形式与内容应方便视觉障碍者的使用。

5.2.5 人行道无障碍标识系统

无障碍设施位置不明显时，应设置相应的无障碍标识。

无障碍标识应沿行人通行路径布置，构成标识引导系统。

无障碍标识的布置应与其他交通标识相协调。

5.3 城市广场

城市广场进行无障碍设计的范围包括：①公共活动广场；②交通集散

广场。

城市广场无障碍设计的内容和要求，详见表 5-1。

表 5-1 城市广场无障碍设计

内容	要　求
地面	城市广场的地面应平整、防滑、不积水
盲道	1. 设有台阶或坡道时，距每段台阶与坡道的起点与终点 250mm ~ 500mm 处应设提示盲道，其长度应与台阶、坡道相对应，宽度应为 250mm ~ 500mm。 2. 人行道中有行进盲道时，应与提示盲道相连接
轮椅坡道与无障碍电梯	城市广场的地面有高差时，设置台阶的同时应设置轮椅坡道；当设置轮椅坡道有困难时，可设置无障碍电梯
低位服务设施	城市广场内的服务设施应同时设置低位服务设施
无障碍机动车停车位	城市广场的公共停车场的停车数在 50 辆以下时应设置不少于 1 个无障碍机动车停车位，100 辆以下时应设置不少于 2 个无障碍机动车停车位，100 辆以上时应设置不少于总停车数 2% 的无障碍机动车停车位
公共厕所	男、女公共厕所均应符合城市公共厕所无障碍设计的相关规定
无障碍标识	城市广场的无障碍设施的位置应设置无障碍标识，带指示方向的无障碍设施标识应与无障碍设施标识形成引导系统，满足通行的连续性

5.4 城市绿地

城市绿地进行无障碍设计的范围包括：①城市中的各类公园，包括综合公园、社区公园、专类公园、带状公园、街旁绿地等；②附属绿地中的开放式绿地；③对公众开放的其他绿地。

5.4.1 公园绿地

无障碍机动车停车位应符合下列规定：公园绿地停车场的总停车数在 50 辆以下时应设置不少于 1 个无障碍机动车停车位，100 辆以下时应设置不少于 2 个无障碍机动车停车位，100 辆以上时应设置不少于总停车数 2% 的无障碍机动车停车位。

售票处应符合下列规定：主要出入口的售票处应设置低位售票窗口；低位售票窗口前地面有高差时，应设置轮椅坡道以及不小于 1 500mm × 1 500mm 的平台；售票窗口前应设提示盲道，距售票处外墙应为 250mm ~ 500mm。

出入口应符合下列规定：主要出入口应设置为无障碍出入口，设有自动检票设备的出入口也应设置专供乘轮椅者使用的检票口；出入口检票口的无障碍通道宽度不应小于 1 200mm；出入口设置车挡时，车挡间距不应小于 900mm。

无障碍游览路线应符合下列规定：无障碍游览主园路应结合公园绿地的主路设置，应能到达部分主要景区和景点，并宜形成环路，纵坡宜小于 5%，山地公园绿地的无障碍游览主园路纵坡应小于 8%；无障碍游览主园路不宜设置台阶、梯道，必须设置时应同时设置轮椅坡道；无障碍游览支园路应能连接主要景点，并和无障碍游览主园路相连，形成环路；小路可到达景点局部，不能形成环路时，应便于折返，无障碍游览支园路和小路的纵坡应小于 8%；坡度超过 8% 时，路面应做防滑处理，并不宜轮椅通行；园路坡度大于 8% 时，宜每隔 10.00m ~ 20.00m 在路旁设置休息平台；

紧邻湖岸的无障碍游览园路应设置护栏，高度不低于 900mm；在地形险要的地段应设置安全防护设施和安全警示线。路面应平整、防滑、不松动，园路上的窨井盖板应与路面平齐，排水沟的滤水箅子孔的宽度不应大于 15mm。

游憩区应符合下列规定：主要出入口或无障碍游览园路沿线应设置一定面积的无障碍游憩区；无障碍游憩区应方便轮椅通行，有高差时应设置轮椅坡道，地面应平整、防滑、不松动；无障碍游憩区的广场树池宜高出广场地面，与广场地面相平的树池应加箅子。

此外，在主要出入口、主要景点和景区，无障碍游憩区内的游憩设施、服务设施、公共设施、管理设施应为无障碍设施，具体要求如下：

游憩设施应符合下列规定：①在没有特殊景观要求的前提下，应设为无障碍游憩设施；②单体建筑和组合建筑包括亭、廊、榭、花架等，当有台明和台阶时，台明不宜过高，入口应设置坡道，建筑室内应满足无障碍通行要求；③建筑院落的出入口以及院内广场、通道有高差时，应设置轮椅坡道；有三个以上出入口时，至少应设两个无障碍出入口，建筑院落的内廊或通道的宽度不应小于 1 200mm；④码头与无障碍园路和广场衔接处有高差时，应设置轮椅坡道；⑤无障碍游览路线上的桥应为平桥或坡度在 8% 以下的小拱桥，宽度不应小于 1 200mm，桥面应防滑，两侧应设栏杆。桥面与园路、广场衔接有高差时，应设轮椅坡道。

服务设施应符合下列规定：①小卖店等的售货窗口应设置低位窗口；②茶座、咖啡厅、餐厅、摄影部等出入口应为无障碍出入口，应提供一定数量的轮椅席位；③服务台、业务台、咨询台、售货柜台等应设有低位服务设施。

公共设施应符合下列规定：①公共厕所应符合城市公共厕所无障碍设计的相关规定，大型园林建筑和主要游览区应设置无障碍厕所；②饮水器、洗手台、垃圾箱等小品的设置应方便乘轮椅者使用；③游客服务中心应符合商业服务建筑无障碍设计的相关规定；④休息座椅旁应设置轮椅停留空间。

管理设施的无障碍设计应符合办公建筑无障碍设计的相关规定。

公园绿地的标识与信息应符合下列规定：主要出入口、无障碍通道、停车位、建筑出入口、公共厕所等无障碍设施的位置应设置无障碍标识，并应形成完整的无障碍标识系统，清楚地指明无障碍设施的走向及位置；应设置系统的指路牌、定位导览图、景区景点和园中园说明牌；出入口应设置无障碍设施位置图、无障碍游览图；危险地段应设置必要的警示、提示标识及安全警示线。

大型植物园宜设置盲人植物区域或者植物角，并提供语音服务、盲文铭牌等供视觉障碍者使用的设施。绿地内展览区、展示区、动物园的动物展示区应设置便于乘轮椅者参观的窗口或位置。

5.4.2　附属绿地

附属绿地中的开放式绿地应进行无障碍设计。附属绿地中的无障碍设计应符合《无障碍设计规范》GB 50763—2012 中公园绿地和居住绿地的有关规定，详见本手册 5.4.1 和 5.5.1。

5.4.3　其他绿地

其他绿地中的开放式绿地应进行无障碍设计，并符合《无障碍设计规范》GB 50763—2012 中公园绿地的有关规定，详见本手册 5.4.1。

5.5 居住区、居住建筑

5.5.1 居住区

居住区无障碍设计的范围包括居住区道路、居住绿地、居住区内配套公共设施等。

居住区道路应符合下列规定：居住区道路进行无障碍设计的范围应包括居住区路、小区路、组团路、宅间小路的人行道。居住区级道路无障碍设计应符合本手册 5.2 的有关规定。

居住绿地应符合下列规定：

1. 一般要求：居住绿地内进行无障碍设计的范围包括出入口、游步道、休憩设施、儿童游乐场、休闲广场、健身运动场、公共厕所等；基地地坪坡度不大于 5% 的居住区的居住绿地均应满足无障碍要求，地坪坡度大于 5% 的居住区，应至少设置 1 个满足无障碍要求的居住绿地；满足无障碍要求的居住绿地，宜靠近设有无障碍住房和宿舍的居住建筑设置，并能通过无障碍通道到达。

2. 出入口：居住绿地的主要出入口应设置为无障碍出入口；有 3 个以上出入口时，无障碍出入口不应少于 2 个；居住绿地内主要活动广场与相接的地面或路面高差小于 300mm 时，所有出入口均应为无障碍出入口；高差大于 300mm 时，当出入口少于 3 个时，所有出入口均应为无障碍出入口，当出入口为 3 个或 3 个以上时，应至少设置 2 个无障碍出入口；组团绿地、开放式宅间绿地、儿童活动场、健身运动场出入口应设提示盲道。

3. 游步道及休憩设施：居住绿地内的游步道应为无障碍通道，轮椅园路纵坡不应大于4%；轮椅专用道纵坡不应大于8%；居住绿地内的游步道及园林建筑、园林小品如亭、廊、花架等休憩设施不宜设置高于450mm的台明或台阶；必须设置时，应同时设置轮椅坡道并在休憩设施入口处设提示盲道；绿地及广场设置休息座椅时，应留有轮椅停留空间。

4. 活动场地：林下铺装活动场地，以种植乔木为主，林下净空不得低于2.20m；儿童活动场地周围不宜种植遮挡视线的树木，保持较好的可通视性，且不宜选用硬质叶片的丛生植物。

居住区内配套公共设施应符合下列规定：居住区内的居委会、卫生站、健身房、物业管理中心、会所、社区中心、商业建筑等为居民服务的建筑应设置无障碍出入口。设有电梯的建筑至少应设置1部无障碍电梯；未设有电梯的多层建筑，应至少设置1部无障碍楼梯。停车场和车库应符合下列规定：①居住区停车场和车库应设置不少于总停车位0.5%的无障碍机动车停车位；若设有多个停车场和车库，宜每处设置不少于1个无障碍机动车停车位；②地面停车场的无障碍机动车停车位宜靠近停车场的出入口设置，有条件的居住区宜靠近住宅出入口设置无障碍机动车停车位；③车库的人行出入口应为无障碍出入口。设置在非首层的车库应设无障碍通道与无障碍电梯或无障碍楼梯连通，直达首层。

5.5.2 居住建筑

居住建筑进行无障碍设计的范围包括住宅及公寓、宿舍建筑（职工宿舍、学生宿舍）等。

居住建筑的无障碍设计应符合下列规定：

1. 设置电梯的居住建筑应至少设置 1 处无障碍出入口，通过无障碍通道直达电梯厅；设置电梯的居住建筑，每居住单元至少应设置 1 部能直达户门层的无障碍电梯；未设置电梯的低层和多层居住建筑，当设置无障碍住房及宿舍时，应设置无障碍出入口。

2. 居住建筑应按每 100 套住房设置不少于 2 套无障碍住房。

3. 无障碍住房及宿舍宜建于底层。当无障碍住房及宿舍设在二层及以上且未设置电梯时，其公共楼梯、台阶应进行无障碍设计。

4. 宿舍建筑中，男、女宿舍应分别设置无障碍宿舍，每 100 套宿舍各应设置不少于 1 套无障碍宿舍；当无障碍宿舍设置在二层以上且宿舍建筑设置电梯时，应设置不少于 1 部无障碍电梯，无障碍电梯应与无障碍宿舍以无障碍通道连接。

5. 当无障碍宿舍内未设置厕所时，其所在楼层的公共厕所应进行无障碍设计，或设置无障碍厕所，并宜靠近无障碍宿舍设置。

5.6 公共建筑

公共建筑主要包括办公、科研、司法建筑，教育建筑，医疗康复建筑，福利及特殊服务建筑，体育建筑，文化建筑、商业服务建筑，以及汽车客运站，公共停车场（库），城市公共厕所等。

5.6.1 一般规定

公共建筑无障碍设计的内容及要求，详见表 5–2。

表 5–2 公共建筑无障碍设计的内容及要求

内容	要　　求
基地	1. 建筑基地的车行道与人行通道地面有高差时，在人行通道的路口及人行横道的两端应设缘石坡道。 2. 建筑基地的广场和人行通道的地面应平整、防滑、不积水。 3. 建筑基地的主要人行通道当有高差或台阶时，应设置轮椅坡道或无障碍电梯
无障碍机动车停车位	建筑基地内总停车数在 100 辆以下时应设置不少于 1 个无障碍机动车停车位，100 辆以上时应设置不少于总停车数 1% 的无障碍机动车停车位
主要出入口	公共建筑的主要出入口宜设置坡度小于 1∶30 的平坡出入口
无障碍电梯	建筑内设有电梯时，至少应设置 1 部无障碍电梯
低位服务设施	当设有各种服务窗口、售票窗口、公共电话台、饮水器等时，应设置低位服务设施
无障碍标识	1. 主要出入口、建筑出入口、通道、停车位、厕所电梯等无障碍设施的位置，应设置无障碍标识。 2. 建筑物出入口和楼梯前室宜设楼面示意图，在重要信息提示处宜设电子显示屏
设施系统性	公共建筑的无障碍设施应成系统设计，并宜相互靠近

5.6.2 办公、科研、司法建筑

办公、科研、司法建筑进行无障碍设计的范围包括政府办公建筑、司法办公建筑、企事业办公建筑、各类科研建筑、社区办公及其他办公建筑等。

为公众办理业务与信访接待的办公建筑的无障碍设计应符合以下规定：①建筑的主要出入口应为无障碍出入口；②建筑出入口大厅、休息厅、贵宾休息室、疏散大厅等人员聚集场所有高差或台阶时，应设轮椅坡道，宜提供休息座椅和可以放置轮椅的无障碍休息区；③公众通行的室内走道应为无障碍通道，走道长度大于60.00m时，宜设休息区，休息区应避开行走路线；④供公众使用的楼梯宜为无障碍楼梯；⑤供公众使用的男、女公共厕所均应符合公共厕所的无障碍设计要求，或在男、女公共厕所附近设置1个无障碍厕所；建筑内至少应设置1个无障碍厕所；供内部办公人员使用的男、女公共厕所至少应各有1个符合公共厕所的无障碍设计要求，或在男、女公共厕所附近设置1个无障碍厕所；⑥法庭、审判庭及为公众服务的会议室及报告厅等的公众坐席座位数为300座及以下时，应至少设置1个轮椅席位，300座以上时不应少于总座位数的0.2%且不少于2个轮椅席位。

其他办公建筑至少应有1处为无障碍出入口，且宜位于主要出入口处；男、女公共厕所至少各有1处应符合无障碍公共厕所或无障碍厕位的设计要求；多功能厅、报告厅等至少应设置1个轮椅席位。

5.6.3 教育建筑

教育建筑进行无障碍设计的范围包括托儿所建筑、幼儿园建筑、中小

学建筑、高等院校建筑、职业教育建筑、特殊教育建筑等。

教育建筑无障碍设计应符合下列规定：凡教师、学生和婴幼儿使用的建筑物主要出入口应为无障碍出入口，宜设置为平坡出入口；主要教学用房应至少设置1部无障碍楼梯；公共厕所至少有1处应满足公共厕所无障碍设计的有关规定。

接收残疾生源的教育建筑应符合下列规定：主要教学用房每层至少有1处公共厕所应满足公共厕所无障碍设计的有关规定；合班教室、报告厅以及剧场等应设置不少于2个轮椅坐席，服务报告厅的公共厕所应满足公共厕所无障碍设计的有关规定或设置无障碍厕所；有固定座位的教室、阅览室、实验教室等教学用房，应在靠近出入口处预留轮椅回转空间。

视力、听力、言语、智力残障学校设计应符合现行行业标准《特殊教育学校建筑设计规范》JGJ 76的有关要求。

5.6.4 医疗康复建筑

医疗康复建筑进行无障碍设计的范围应包括综合医院、专科医院、疗养院、康复中心、急救中心和其他所有与医疗、康复有关的建筑物。

医疗康复建筑的无障碍设计应符合下列要求：

1. 病人、康复人员使用的建筑：①室外通行的步行道应满足无障碍通道的有关要求。②院区室外的休息座椅旁，应留有轮椅停留空间。③主要出入口应为无障碍出入口，宜设置为平坡出入口。④室内通道应设置无障碍通道，净宽不应小于1.80m，并设置符合无障碍要求的扶手。⑤门应符合无障碍设计的要求。⑥同一建筑内应至少设置1部无障碍楼梯。⑦建筑内设有电梯时，每组电梯应至少设置1部无障碍电梯。⑧首层应至少设置1处无障碍厕所；各楼层至少有1处公共厕所应满足无障碍设计要求，或设置无障碍厕所；病房内的厕所应设置安全抓杆，安全抓杆应安装牢固，直径应为30mm ~ 40mm，内侧距墙不应小于40mm。⑨儿童医院的门诊部、急诊部和医技部，每层宜设置至少1处母婴室，并靠近公共厕所。⑩诊区、病区的护士站、公共电话台、查询处、饮水器、自助售货处、服务台等应设置低位服务设施。⑪无障碍设施应设符合我国国家标准要求的无障碍标识，在康复建筑的院区主要出入口处宜设置盲文地图或供视觉障碍者使用的语音导医系统和提示系统、供听力障碍者需要的手语服务及文字提示导医系统。

2. 门、急诊部：挂号、收费、取药处应设置文字显示器以及语言广播装置和低位服务台或窗口。候诊区应设轮椅停留空间。

3. 医技部：病人更衣室内应留有直径不小于1.50m的轮椅回转空间，部分更衣箱高度应小于1.40m。等候区应留有轮椅停留空间，取报告处宜设文字显示器和语音提示装置。

4. 住院部病人活动室：住院部病人活动室墙面四周扶手的设置应符合扶手的无障碍设计要求。

5. 理疗用房：理疗用房应根据治疗要求设置扶手，并符合扶手的无障碍设计要求。

6. 其他：医疗康复建筑中，办公、科研、餐厅、食堂、太平间用房的主要出入口应为无障碍出入口。

5.6.5 福利及特殊服务建筑

福利及特殊服务建筑进行无障碍设计的范围应包括福利院、敬（安、养）老院、老年护理院、老年住宅、残疾人综合服务设施、残疾人托养中心、残疾人体训中心及其他残疾人集中或使用频率较高的建筑等。

福利及特殊服务建筑的无障碍设施应符合下列规定：①室外通行的步行道应符合通道和门的无障碍设计要求，室外院区的休息座椅旁应留有轮椅停留空间；②建筑物首层主要出入口应为无障碍出入口，宜设置为平坡出入口；主要出入口设置台阶时，台阶两侧宜设置扶手；③建筑出入口大厅、休息厅等人员聚集场所宜提供休息座椅和可以放置轮椅的无障碍休息区；④公共区域的室内通道应为无障碍通道，走道两侧墙面应设置扶手，并符合扶手无障碍设计的有关规定；室外的连通走道应选用平整、坚固、耐磨、不光滑的材料并宜设防风避雨设施；⑤楼梯应为无障碍楼梯，电梯应为无障碍电梯；⑥居室户门净宽不应小于 900mm；居室内走道净宽不应小于 1 200mm；居室内宜留有直径不小于 1 500mm 的轮椅回转空间；⑦居室内的厕所应设置安全抓杆，安全抓杆应安装牢固，直径应为 30mm ~ 40mm，内侧距墙不应小于 40mm；居室外的公共厕所应符合公共厕所无障碍设计的有关规定或设置无障碍厕所；⑧公共浴室应符合公共浴室无障碍设计的有关规定；居室内的淋浴间或盆浴间应设置安全抓杆，并符合淋浴间、盆浴间无障碍设计的有关规定；⑨居室宜设置语音提示装置。

福利及特殊服务建筑还应符合国家现行的有关建筑设计规范、标准的设计要求。

5.6.6　体育建筑

体育建筑进行无障碍设计的范围应包括作为体育比赛（训练）、体育教学、体育休闲的体育场馆和场地设施等。

体育建筑的无障碍设施应符合下列规定：①特级、甲级场馆基地内应设置不少于停车数量2%且不少于2个无障碍机动车停车位，乙级、丙级场馆基地内应设置不少于2个无障碍机动车停车位；②建筑物的观众、运动员及贵宾出入口应至少各设1处无障碍出入口，其他功能分区的出入口可根据需要设置无障碍出入口；③建筑的检票口及无障碍出入口到各种无障碍设施的室内走道应为无障碍通道，通道长度大于60.00m时宜设休息区，休息区应避开行走路线；④大厅、休息厅、贵宾休息室、疏散大厅等主要人员聚集场所宜设放置轮椅的无障碍休息区；⑤供观众使用的楼梯应为无障碍楼梯；⑥特级、甲级场馆内各类观众看台区、主席台、贵宾区内如设置电梯应至少各设置1部无障碍电梯，乙级、丙级场馆内坐席区设有电梯时，至少应设置1部无障碍电梯，并应满足赛事和观众的需要；⑦特级、甲级场馆每处观众区和运动员区使用的男、女公共厕所均应符合公共厕所无障碍设计的有关要求，或在每处男、女公共厕所附近设置1个无障碍厕所，且场馆内至少应设置1个无障碍厕所，主席台休息区、贵宾休息区应至少各设置1个无障碍厕所；乙级、丙级场馆的观众区和运动员区各至少有1处男、女公共厕所应符合公共厕所无障碍设计的有关要求，或各在男、女公共厕所附近设置1个无障碍厕所；⑧运动员浴室均应符合公共浴室无障碍设计的有关要求；⑨场馆内各类观众看台的坐席区都应设置轮椅席位，并在轮椅席位旁或邻近的坐席处，设置1∶1的陪护席位，轮椅席位数不应少于观众席位总数的0.2%。

5.6.7 文化建筑

文化建筑进行无障碍设计的范围应包括文化馆、活动中心、图书馆、档案馆、纪念馆、博物馆、展览馆、科技馆、艺术馆、美术馆、会展中心、剧场、音乐厅、电影院、会堂、演艺中心等。

文化类建筑的无障碍设施应符合下列规定：①建筑物至少应有 1 处为无障碍出入口，且宜位于主要出入口处；②建筑出入口大厅、休息厅（贵宾休息厅）、疏散大厅等主要人员聚集场所有高差或台阶时，应设轮椅坡道，宜设置休息座椅和可以放置轮椅的无障碍休息区；③公众通行的室内走道及检票口应为无障碍通道，走道长度大于 60.00m 时，宜设休息区，休息区应避开行走路线；④供公众使用的主要楼梯宜为无障碍楼梯；⑤供公众使用的男、女公共厕所每层至少有 1 处应满足公共厕所或无障碍厕所的有关规定或在男、女公共厕所附近设置 1 个无障碍厕所；⑥公共餐厅应提供总用餐数 2% 的活动座椅，供乘轮椅者使用。

文化馆、少儿活动中心、图书馆、档案馆、纪念馆、博物馆、展览馆、科技馆、艺术馆、美术馆、会展中心等建筑物的无障碍设施还应符合下列规定：①图书馆、文化馆等安装探测仪的出入口应便于乘轮椅者进入；②图书馆、文化馆等应设置低位目录检索台；③报告厅、视听室、陈列室、展览厅等设有观众席位时，应至少设 1 个轮椅席位；④县、市级及以上图书馆应设盲人专用图书室（角），在无障碍入口、服务台、楼梯间和电梯间入口、盲人图书室前应设行进盲道和提示盲道；⑤宜提供语音导览机、助听器等信息服务。

剧场、音乐厅、电影院、会堂、演艺中心等建筑物的无障碍设施应符合下列规定：①观众厅内座位数为 300 座及以下时，应至少设置 1 个轮椅席位，300 座以上时不应少于座位总数 0.2% 且不少于 2 个轮椅席位；②演员活动区域至少有 1 处男、女公共厕所应符合公共厕所无障碍设计的有关要求，贵宾室宜设 1 个无障碍厕所。

5.6.8 商业服务建筑

商业服务建筑进行无障碍设计的范围包括各类百货店、购物中心、超市、专卖店、专业店、餐饮建筑、旅馆等商业建筑，银行、证券等金融服务建筑，邮局、电信局等邮电建筑，娱乐建筑等。

商业服务建筑的无障碍设计应符合下列规定：①建筑物至少应有 1 处为无障碍出入口，且宜位于主要出入口处；②公众通行的室内走道应为无障碍通道；③供公众使用的男、女公共厕所每层至少有 1 处应符合公共厕所无障碍设计的有关规定或在男、女公共厕所附近设置 1 个无障碍厕所，大型商业建筑宜在男、女公共厕所满足无障碍设计要求的同时且在附近设置 1 个无障碍厕所；④供公众使用的主要楼梯应为无障碍楼梯。

旅馆等商业服务建筑应设置无障碍客房，客房为 100 间以下时应设 1 间 ~ 2 间无障碍客房，客房为 100 间 ~ 400 间时应设 2 间 ~ 4 间无障碍客房，客房为 400 间以上时应至少设 4 间无障碍客房。设有无障碍客房的旅馆建筑，宜配备方便导盲犬休息的设施。

5.6.9 汽车客运站

汽车客运站建筑进行无障碍设计的范围包括各类长途汽车站。

汽车客运站建筑的无障碍设计应符合下列规定：①站前广场人行通道的地面应平整、防滑、不积水，有高差时应做轮椅坡道；②建筑物至少应有 1 处为无障碍出入口，宜设置为平坡出入口，且宜位于主要出入口处；③门厅、售票厅、候车厅、检票口等旅客通行的室内走道应为无障碍通道；④供旅客使用的男、女公共厕所每层至少有 1 处应符合公共厕所无障碍设计的有关要求或在男、女公共厕所附近设置 1 个无障碍厕所，且建筑内至少应设置 1 个无障碍厕所；⑤供公众使用的主要楼梯应为无障碍楼梯；⑥行包托运处（含小件寄存处）应设置低位窗口。

5.6.10　公共停车场（库）

公共停车场（库）应设置无障碍机动车停车位，Ⅰ类公共停车场（库）应设置不少于停车数量 2% 的无障碍机动车停车位，Ⅱ类及Ⅲ类公共停车场（库）应设置不少于停车数量 2% 且不少于 2 个无障碍机动车停车位，Ⅳ类公共停车场（库）应设置不少于 1 个无障碍机动车停车位。

设有楼层公共停车库的无障碍机动车停车位宜设在与公共交通道路同层的位置，或通过无障碍设施衔接通往地面层。

5.6.11　汽车加油加气站

汽车加油加气站附属建筑的无障碍设计应符合下列规定：①建筑物至少应有 1 处为无障碍出入口，且宜位于主要出入口处；②男、女公共厕所宜符合公共厕所无障碍设计的有关要求。

5.6.12　高速公路服务区建筑

高速公路服务区建筑内的服务建筑的无障碍设计应符合下列规定：①建筑物至少应有 1 处为无障碍出入口，且宜位于主要出入口处；②男、女公共厕所应符合公共厕所无障碍设计的有关要求。

5.6.13 城市公共厕所

城市公共厕所进行无障碍设计的范围应包括独立式、附属式公共厕所。

城市公共厕所无障碍设计应符合下列规定：①出入口应为无障碍出入口。②在两层公共厕所中，无障碍厕位应设在地面层。③女厕所的无障碍设施包括至少 1 个无障碍厕位和 1 个无障碍洗手盆；男厕所的无障碍设施包括至少 1 个无障碍厕位、1 个无障碍小便器和 1 个无障碍洗手盆；并应满足公共厕所无障碍设计的有关要求。④宜在公共厕所旁另设 1 处无障碍厕所。⑤厕所内的通道应方便乘轮椅者进出和回转，回转直径不小于 1 500mm。⑥门应方便开启，通行净宽度不应小于 800mm（该要求出自《无障碍设计规范》GB 50763—2012。按照《建筑与市政工程无障碍通用规范》GB 55019—2021 对无障碍服务设施的要求，具有内部使用空间的无障碍服务设施的入口和室内空间应方便乘轮椅者进入和使用，内部应设轮椅回转空间，轮椅需要通行的区域通行净宽不应小于 900mm）。⑦地面应防滑、不积水。

6 居家适老化改造要点

居家适老化改造应充分结合住宅内老年人的自身特点进行设计，不能生搬硬套。本章主要依据国家建筑标准设计图集《老年人居住建筑》15J923、《北京市既有住宅适老化改造设计指南》、《上海市既有住宅适老化改造技术导则》的相关要求，根据老年人生理和心理特点需求，对既有住宅中的入户空间、起居室、卧室、厨房、卫生间、阳台提出原则性和经验性改造要点，供居家适老化改造参考使用。

全国第七次人口普查数据显示，2020 年我国 60 岁及以上人口为 2.64 亿人、占总人口的 18.70%，其中 65 岁及以上人口为 1.9 亿人、占总人口的 13.50%。人口老龄化已经成为今后一段时期我国的基本国情。

养老居所及配套设施在老年人生活中占突出位置。目前，针对社区养老、机构养老，已经编制了《老年养护院建设标准》（建标 144—2010）、《社区老年人日间照料中心建设标准》（建标 143—2010）、《老年人照料设施建筑设计标准》JGJ 450—2018 等标准，各地方也相继出台了一系列与养老设施相关的标准规范。针对既有住宅适老化改造，住房和城乡建设部标准定额司组织编制了《家庭无障碍建设指南》（2013 年版），部分地区颁布了地方性指南，如《北京市既有住宅适老化改造设计指南》《湖北省居家适老化改造技术指南》《上海市既有住宅适老化改造技术导则》等。

6.1 入户空间

对于入户空间进行适老化改造设计时，宜考虑老年人置物、撑扶、开关灯、坐姿换鞋、更衣、乘坐轮椅等行为的空间需求。适老化改造要点如下，详见图 6–1。

1. 入户门处可安装闪光振动门铃，给听力或视力较弱的老年人以发光闪烁和声音双重提示。

2. 要考虑为老年人提供换鞋凳，换鞋凳应方便老年人入座与起身。对于起身困难的老年人，要在换鞋凳旁增设竖向扶手，以协助老年人起立，扶手安装应牢固。

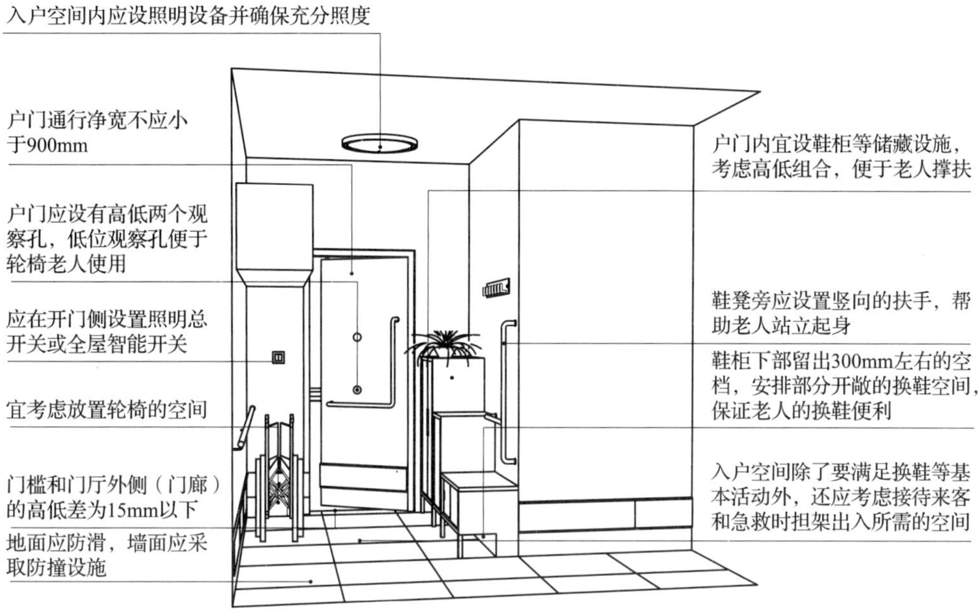

图 6–1 入户空间适老化改造要点

3. 宜设置鞋柜兼置物台，台面高度宜距地 850mm，方便老年人置物的同时可为老年人提供撑扶的位置。鞋柜距地 300mm 的高度空间内宜留空，方便老年人看到和取放鞋子。

4. 入户门上宜设置猫眼，确保老年人的居家安全性。

5. 宜考虑放置轮椅的空间。

6.2 起居室

起居室作为老年人居家生活的主要场所，对起居室进行适老化改造设计时，宜考虑老年人通行、活动、交谈、与其他人员团聚等行为的空间需求。适老化改造要点如下，详见图 6–2。

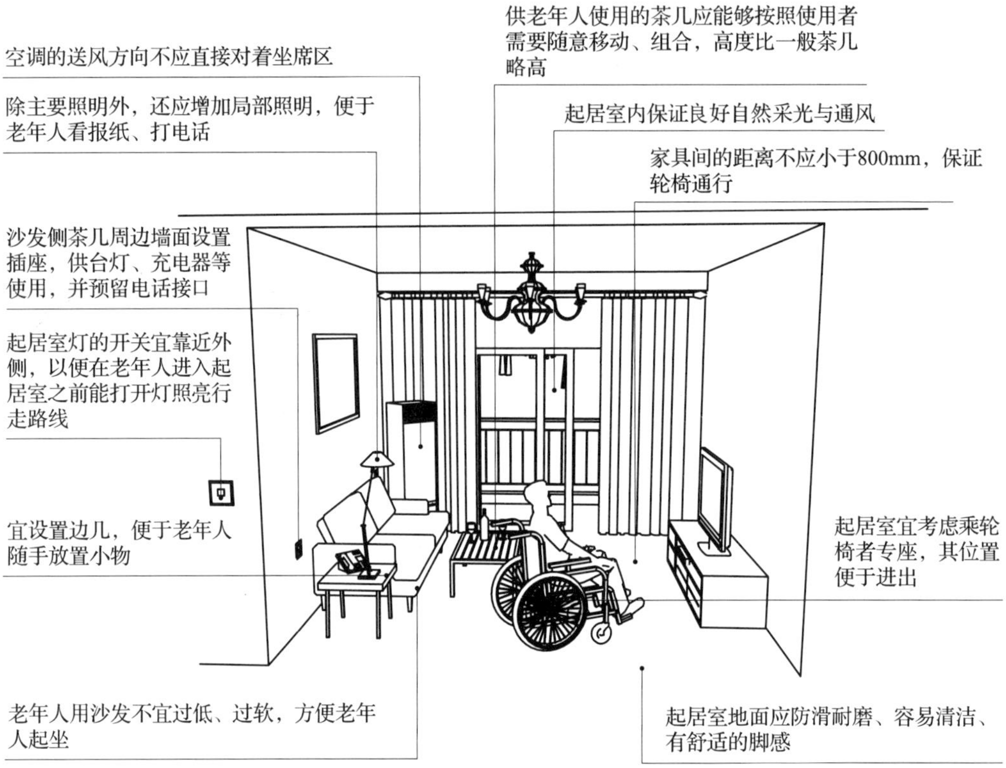

图 6–2　起居室适老化改造要点

1. 起居室老年人使用的沙发要选用适老性沙发，沙发坐面较硬并设置助起扶手便于老年人起身，或采用电动助起沙发。

2. 起居室照明要根据老年人看电视、看书、聚会等不同情况设置局部照明。

3. 起居室电视机周围的墙面要做隔声处理，避免老年人将电视机音量调大时对其他房间造成干扰。

6.3 卧室

老年人卧室应注重安全性和舒适度，对卧室进行适老化改造设计时，宜考虑老年人睡眠、通行、储藏、护理等行为的空间需求。适老化改造要点如下，详见图 6–3。

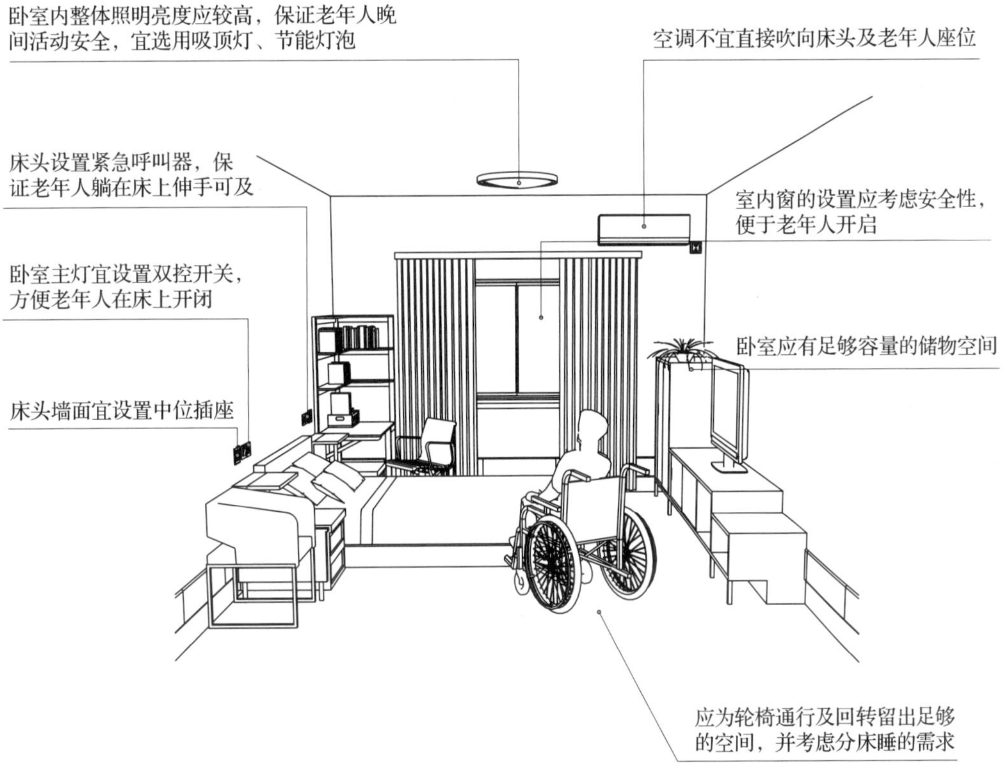

图 6–3 卧室适老化改造要点

1．在不影响老年人上下床的同时，要在床边采取防护措施，以避免老年人意外跌落，如设置床边护栏或使用护理床等。

2. 床头应设置紧急呼叫按钮，按钮距地面高度要与床高度匹配，并采用按钮和拉绳结合的方式，拉绳末端距地面不宜高于100mm。有条件时可增加体征检测等智能设备。

3. 卧室要配置适老化衣柜，衣柜采用移门，储物空间合理分区，内部设置抽屉、隔板和升降衣架，避免老年人躬身或爬高取放衣物。柜内宜安装照明灯具，方便老年人查找衣物。衣柜可增设下拉式拉杆挂，可下拉挂取衣服，避免老年人攀高取物时摔倒。

4. 卧室照明要根据老年人床头阅读、起夜等不同行为模式下的光环境需求设置局部照明。照明开关应保证多点控制，其中一处靠近床头，便于老年人卧姿操作。

6.4 卫生间

卫生间是老年人居家养老不可或缺的功能空间，是老年人日常洗漱、如厕和洗浴的地方，卫生间也是最容易发生危险事故的场所，卫生间的安全性和便捷性是适老化改造的重中之重。对卫生间进行适老化改造设计时，宜考虑使用者如厕、盥洗、沐浴、护理、通行等行为的空间需求。适老化改造要点如下，详见图6-4。

1. 卫生间墙面要采用防水、耐污、易清洁的材料，地面要采用防滑、耐污、易清洁且反光性较弱的材料。

2. 应为智能马桶、吹风机、浴霸、电热水器、洗衣机等设备预留插座位置。插座开关采用密闭防水型插座，以方便老年人识别和按压操作。

图 6-4　卫生间适老化改造要点

3．洗浴区：洗浴区主要为淋浴，淋浴区宜有相对完整独立的区域，尽量避免使用浴缸。避免淋浴区出现高差，以方便照护人员帮助老年人洗浴。淋浴间宜使用浴帘，不宜选择玻璃淋浴隔挡。淋浴区横向扶手距地高度宜为 650mm ~ 700mm，纵向扶手顶端距地高度宜大于 1 400mm。

4．盥洗区：采用坐姿洗漱或乘坐轮椅的老年人使用的盥洗台下方要留空。水龙头宜采用单控的冷热水混水龙头，使出水水温较为适宜。毛巾架需尽量靠近盥洗台放置，方便老年人洗手后就近擦手。毛巾杆要采用较长的横杆式，便于毛巾的平铺晾晒。

5．如厕区：坐便器旁宜根据现场条件安装 L 形扶手、一字形扶手、U 形扶手、135° 扶手、T 形扶手或助力扶手，扶手的竖杆距离坐便器前端

200mm ~ 300mm，横杆高出坐便器顶面 200mm ~ 250mm 左右，具体尺寸可根据老年人的身体条件进行调节。如加扶手有困难时，可以选择马桶助力架，为老年人提供支撑；结合马桶增高垫，缩短老年人起身距离；结合坐便器设置可向墙侧掀起的扶手，便于老年人趴扶。

6.5 厨房

厨房是老年人居家生活中较为重要的空间，是老年人准备餐食的地方。对厨房进行适老化改造设计时，宜考虑使用者储藏、洗涤、操作、烹饪、通行等行为的空间需求。适老化改造要点如下，详见图 6–5。

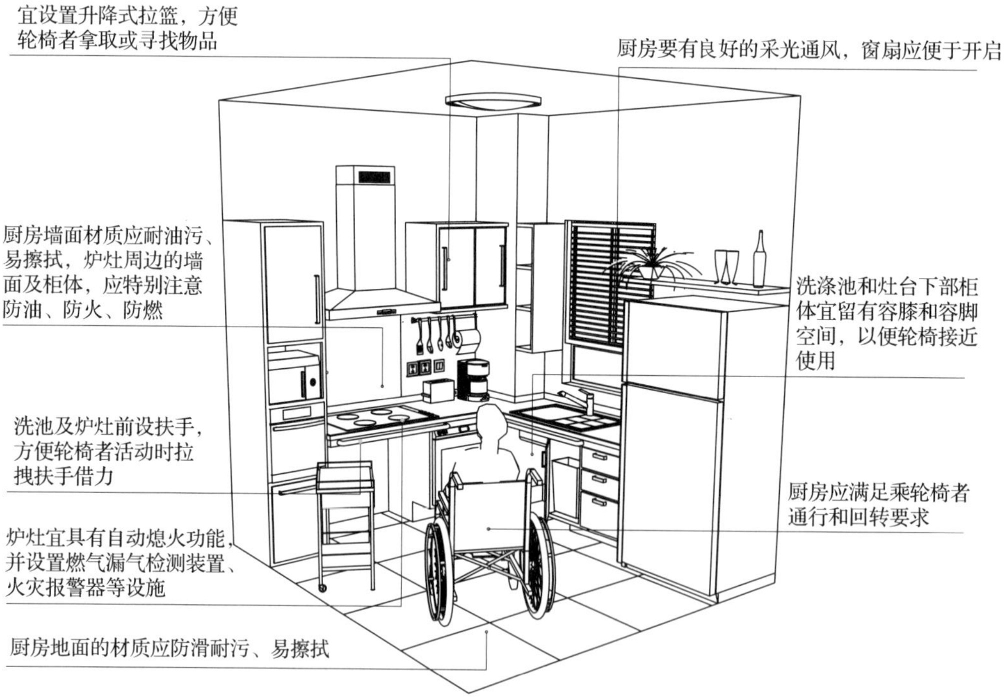

图 6–5　厨房适老化改造要点

1．厨房操作台的高度应根据老年人个人身高来决定。一般来说，操作台的高度宜为 800mm ~ 850mm。对于乘轮椅的老年人，水池和炉灶下部要预留合适的空档以便轮椅能进入，空档高度不宜小于 650mm，深度不宜小于 450mm。厨房操作台面设置挡水条，阻挡水流至地面，降低老年人跌倒风险。

2．厨房吊柜可采用带电动升降置物架的吊柜、下拉式储物篮等，安装在上橱柜中，便于老年人取放常用物品，且采用开放式或透明柜格，物品一目了然，避免老年人遗忘。

3．老年人使用的燃气灶具要选用点火、火力调节方便的产品，燃气灶具应有熄火保护功能和防干烧等功能。当老年人独居时，宜选用无明火的电炊灶具。

4．老年人使用的厨房宜安装可燃气体、烟雾、一氧化碳、溢水等报警设备，发生意外时能第一时间发出警报，阻止意外事故加剧，保障老年人生命安全。

5．厨房墙面要采用防火、防水、耐腐蚀、易清洁的墙面材料，地面要采用防滑、耐磨、耐腐蚀、易清洁的地面材料，避免老年人由于地面油污或湿滑而摔伤。

6.6 阳台

阳台不仅是晾晒衣物的功能性空间，同时也是能进行盆栽等活动的地方，阳台的适老化改造应确保老年人方便、安全地从室内出入，适老化改造要考虑老年人洗涤衣物、晾晒衣物、晒太阳、养护绿植等行为的空间需求，在有条件的情况下，要增加上下水和插座，将洗衣机移入阳台。适老化改造要点如下，详见图 6–6。

1. 阳台与室内若存在高差，应采取高差消除部品或采取一定的措施找坡抹平。

2. 阳台若为落地玻璃窗，要在窗边加设护栏，防止人或轮椅误撞玻璃窗。

3. 阳台、露台要采用升降晾衣杆或低位晾衣杆，方便老年人操作。

4. 阳台、露台应合理组织排水，并应采用防滑的地面材料。

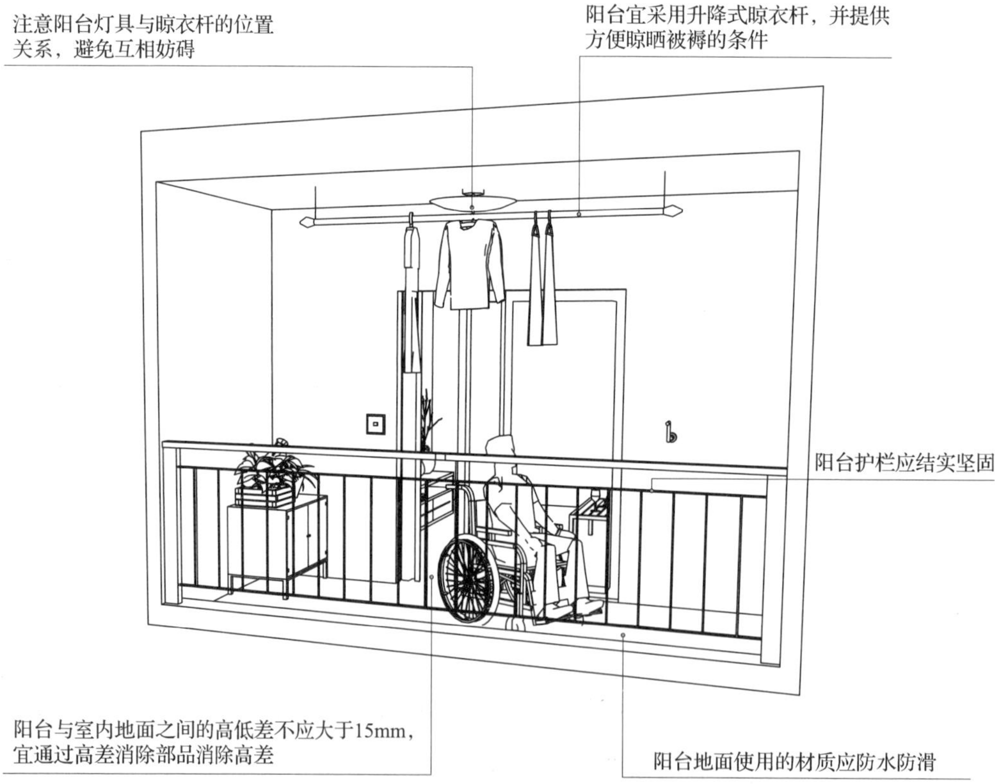

图 6–6 阳台适老化改造要点

7 无障碍建筑产品选用要点

无障碍建筑产品种类繁多，选用适当的产品能够提升无障碍设施使用过程中的安全性、舒适性以及与其他设施的匹配性。本章概括介绍通行类、厨卫类、智能类无障碍建筑产品的选用。

7.1 产品分类

无障碍建筑产品是指适用于无障碍设施建设的专用产品，具有安装位置相对不可移动的特点。无障碍建筑产品是推动无障碍设施建设及实现最终功能性能要求的基础，因此，在无障碍设施建设中，无障碍建筑产品的选用至关重要。无障碍建筑产品种类繁杂，为便于全面了解产品类别，采用功能分类和空间分类相结合的方法将产品划分为通行类、厨卫类、智能类三大类别，见图 7–1。

7.2 地面材料

地面材料主要应用于无障碍出入口、无障碍通道、无障碍卫生间等无障碍设施地面建设，包括盲道制品、混凝土路面砖、石材、陶瓷地砖、木质地板、弹性地板等。盲道制品按照材质可分为不锈钢盲道、混凝土盲道、橡胶盲道。地面材料选用要点见表 7–1。

7.3 门

门按照开启方式分为平开旋转类、推拉平移类、折叠类。公共空间的无障碍出入口宜选用自动平开门或自动平移门，不应选用旋转门或弹簧门。门窗选用要点见表 7–2。

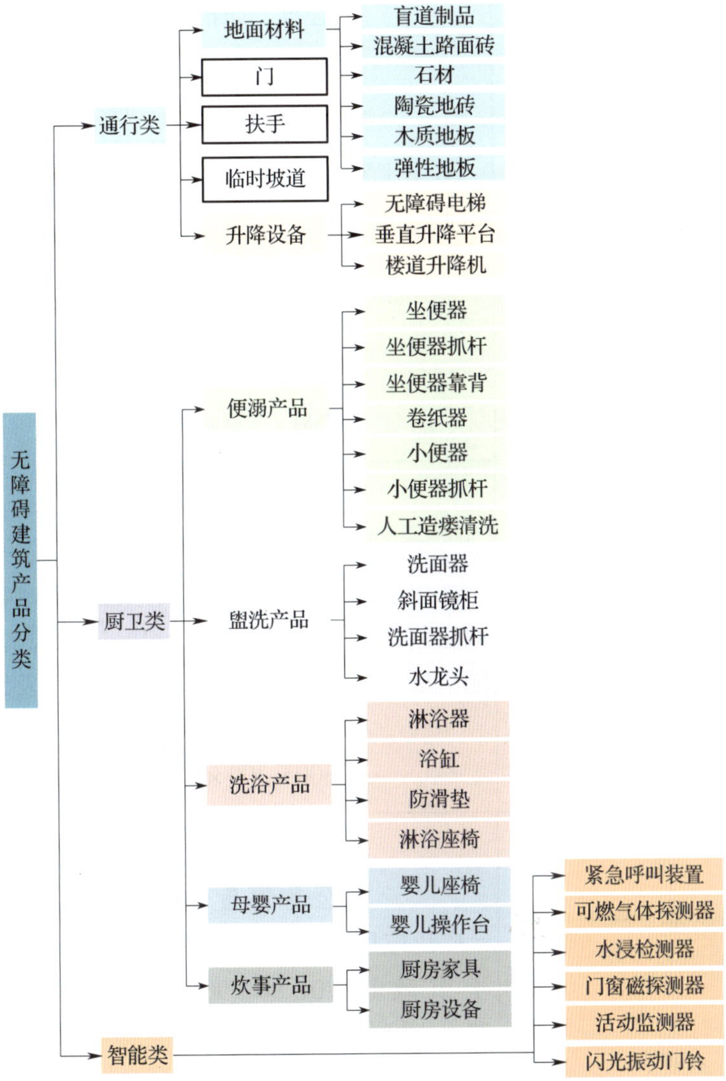

图 7-1 无障碍建筑产品分类

表 7-1　地面材料选用要点

类型		图例	适用范围	规格特点	执行标准
盲道制品	橡胶盲道		适用于室内盲道铺设	应选用具有足够强度，防滑性、步行性、耐久性、耐磨损性出众，同时不易褪色的材料，盲道砖的触感条、触感圆点规格应使视觉障碍者可以感知。盲道砖常规尺寸（mm）：300 × 300 × 50	《无障碍设计规范》GB 50763—2012、《无障碍设施施工验收及维护规范》GB 50642—2011
	混凝土盲道		适用于市政道路、公园广场	混凝土盲道选用应考虑其强度、耐磨性、抗冻性、吸水率、防滑性和抗盐冻性。盲道砖常规尺寸（mm）：300 × 300 × 50	《混凝土路面砖》JC/T 446—2016、《无障碍设施施工验收及维护规范》GB 50642—2011
混凝土路面砖			广泛应用于市政道路、小区公园、停车场等领域	混凝土路面砖的公称厚度规格尺寸（mm）分为60、70、80、90、100、120、150，其他规格尺寸及几何形状可根据用户与设计要求，由供需双方协商确定	《混凝土路面砖》GB 28635—2012

续表 7-1

类型		图例	适用范围	规格特点	执行标准
石材	花岗石		室内外台阶	吸水率小、耐磨性好、耐酸碱、抗风化	《天然花岗石建筑板材》GB/T 18601—2009
	青石板		室外园林景点装饰	容易加工，价廉物美	
	水磨石板材	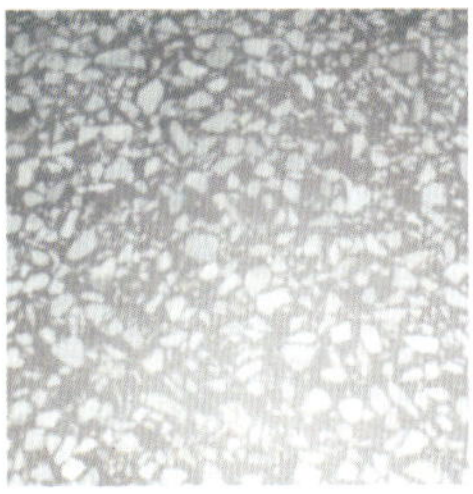	地面、楼梯踏步	强度高、施工方便、价格低等，花色品种多	《地坪涂装材料》GB/T 22374—2018
防滑陶瓷砖		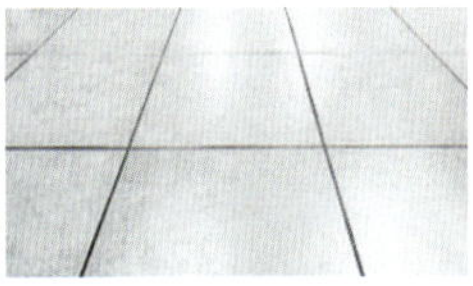	适用于卫生间、厨房等空间	湿态静摩擦系数 >0.6，湿态租滑值 >35	《防滑陶瓷砖》GB/T 35153—2017、《陶瓷砖》GB/T 4100—2015
弹性地板	PVC 卷材		多用于公共建筑及人流大的场合，块材多用于住宅室内装饰	可分为无发泡层和带发泡层，色泽鲜艳，花色图案多，防滑性能较好，耐火性差	《聚氯乙烯卷材地板 第1部分：非同质聚氯乙烯卷材地板》GB/T 11982.1—2015、《聚氯乙烯卷材地板 第2部分：同质聚氯乙烯卷材地板》GB/T 11982.2—2015

续表 7-1

类型		图例	适用范围	规格特点	执行标准
弹性地板	石塑地砖		可用于厨卫空间	表面耐磨层具有防滑、越有水越涩的特性，图案可仿大理石、花岗石、木地板三大系列，防水防潮，保养方便	《聚氯乙烯卷材地板 第1部分：非同质聚氯乙烯卷材地板》GB/T 11982.1—2015、《聚氯乙烯卷材地板 第2部分：同质聚氯乙烯卷材地板》GB/T 11982.2—2015
	橡胶地板		主要应用于医院等场所	产品选用时应关注其有害物质限量、耐磨性、防滑性抗菌耐污能力、冲击力吸收性能	《橡塑铺地材料 第1部分：橡胶地板》HG/T 3747.1—2011、《橡塑铺地材料 第2部分：橡胶地砖》HG/T 3747.2—2004
木质地板	实木		可用于地面辐射供暖	环保，脚感舒适，具有绝缘性	《实木地板 第1部分：技术要求》GB/T 15036.1—2018
	复合			不易变形，地板幅面尺寸可大可小	《实木复合地板》GB/T 18103—2013
	强化木地板			耐磨、抗冲击、防变形、防虫蚁、耐脏、安装快捷	《浸渍纸层压木质地板》GB/T 18102—2020

表 7–2 门窗选用要点

类型	图例	适用范围	规格特点	执行标准
推拉门		室内厨房门、阳台门、卫生间门、室内房间门宜选用推拉门或折叠门，紧急情况下两侧均可开启	开闭时所占的空间较小，开闭操作所伴随的身体移动幅度较小，门扇下部安装轨道时，轨道突出地面，容易绊脚或造成轮椅行驶不畅	《建筑门窗洞口尺寸系列》GB/T 5824—2021、《人性自动门通用技术要求》GB/T 34616—2017、《建筑门窗五金件 通用要求》GB/T 32223—2015
平开门	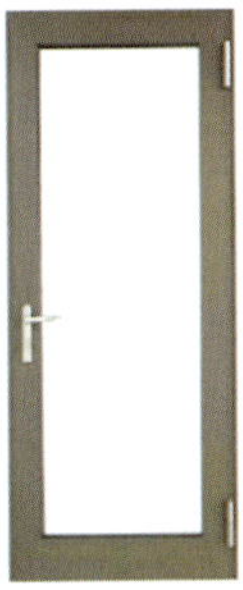	楼栋单元门、防烟楼梯间的疏散门宜选用平开门	气密性、隔声性、耐久性较好，但开闭操作所伴随的身体移动幅度较大，肢体障碍者使用不方便	
折叠门		适用于户内较为局促的空间	开闭时所占的空间较小，缺点是气密性、隔声性、耐久性较差，对门的配件要求较高	

7.4 栏杆 / 扶手

栏杆 / 扶手主要用于室内外坡道、楼梯以及走廊等场所，可供抓握作为引导或支撑的构件。按照材质可分为金属栏杆 / 扶手、木质扶手、塑料扶手。塑料扶手按照产品形式可分为防撞扶手和普通扶手。栏杆 / 扶手选用要点见表 7–3。

表 7–3　栏杆 / 扶手选用要点

类型		图例	适用范围	规格特点	执行标准
金属材质	碳钢栏杆		主要用于室外楼梯、坡道等场所	室外钢制栏杆表面宜采用氟碳喷涂，应能承受抗水平荷载、抗竖向荷载、抗软重物撞击试验	《楼梯栏杆及扶手》JG/T 558—2018
	不锈钢栏杆		主要用于室外楼梯、坡道等场所	规格尺寸可根据项目需要特殊定制，不锈钢栏杆应能承受抗水平荷载、抗竖向荷载、抗软重物撞击试验	
	铝合金栏杆		应用于室外楼梯、坡道或活动场所	室外铝合金栏杆表面宜采用氟碳喷涂，当采用树脂扶手作为栏杆扶手时，应通过耐老化试验	
木质			木质栏杆主要应用于住宅、公寓内部楼梯、中庭、商业建筑栏杆的扶手等	木材应选用原木、锯材和胶合木等承重结构材料	

续表 7–3

类型		图例	适用范围	规格特点	执行标准
塑料材质	尼龙扶手	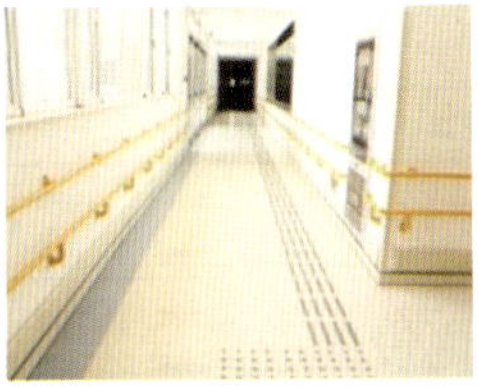	塑料质扶手主要用于医院、养老院、幼儿园等公共建筑的室内无障碍通道等场合	应能承受抗水平荷载、抗竖向荷载、抗软重物撞击试验	《楼梯栏杆及扶手》JG/T 558—2018
	PVC扶手	  		规格（mm）通常有 4 000×（140 ~ 159），当应用于医院、养老院等场合时，应选用具有抗菌性的扶手	
		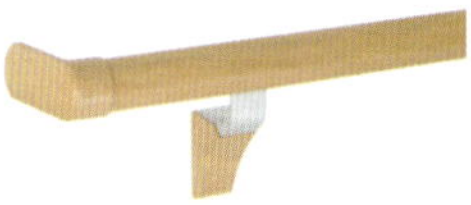		规格（mm）通常有 4 000×（35 ~ 40），产品具有恒温、抗菌抗病毒等特性，产品选用应关注	

7.5 升降设备

升降设备主要用于解决楼层高差以及上楼困难等问题。产品类别主要包括无障碍电梯、垂直升降平台以及楼道升降机。

垂直升降平台主要用于解决楼层间高差，楼道升降机主要是在固定层站之间的楼道或倾斜面上运行，两者均适用于现场条件、成本条件受限而无法安装电梯的场合。

升降设备选用要点见表 7-4。

表 7-4　升降设备选用要点

<table>
<tr><th colspan="2">类型</th><th>图例</th><th>适用范围</th><th>规格特点</th><th>执行标准</th></tr>
<tr><td colspan="2">无障碍电梯</td><td></td><td>公共建筑中配备电梯时，必须设置无障碍电梯</td><td>轿厢内设施应满足无障碍设计要求。
电梯制造与安装应满足相关国家标准要求。
轿厢主要有以下规格［轿厢宽度（mm）×轿厢深度（mm）］：
630 × 1 275、1 100 × 2 000、1 400 × 1 400</td><td>《电梯制造与安装安全规范》GB 7588—2003、《适用于残障人员的电梯附加要求》GB/T 24477—2009</td></tr>
<tr><td rowspan="2">垂直升降平台</td><td>未封闭井道式</td><td></td><td>安装在未封闭井道且不穿过楼板运行的升降平台，提升高度不大于 4m</td><td rowspan="2">产品选用时应关注其额定速度、额定载重量、防火性能、防护等级等性能，平台尺寸主要有以下规格［宽度（mm）×深度（mm）］：
1 100 × 1 400、800 × 1 600、800 × 1 250</td><td rowspan="2">《行动不便人员使用的垂直升降平台》GB/T 24805—2009</td></tr>
<tr><td>封闭井道式</td><td></td><td>安装于封闭井道内的升降平台，提升高度不大于 4m</td></tr>
</table>

续表 7–4

<table>
<tr><th colspan="2">类型</th><th>图例</th><th>适用范围</th><th>规格特点</th><th>执行标准</th></tr>
<tr><td rowspan="3">楼道升降机</td><td>平台式</td><td></td><td rowspan="3">沿楼梯斜向设置</td><td rowspan="3">产品选用时应关注其额定速度、额定载重量、防火性能、防护等级等性能</td><td rowspan="3">《行动不便人员使用的楼道升降机》GB/T 24806—2009</td></tr>
<tr><td>座椅式</td><td>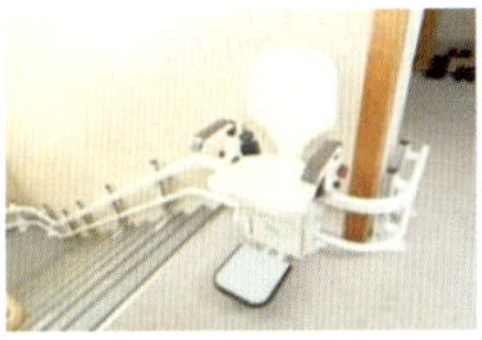</td></tr>
<tr><td>站立式</td><td>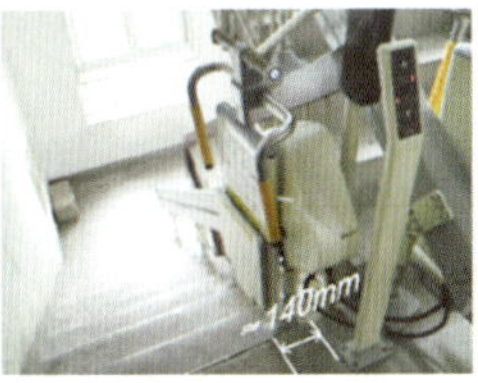</td></tr>
</table>

7.6　临时坡道

临时坡道是指用于解决门槛、台阶高差的临时性斜坡板，主要用于无法设置永久性坡道、场地条件受限需使用临时性坡道的情况。按照解决高差的不同，可分为门槛式坡道、伸缩式便携坡道、折叠式便携坡道、组合式坡道。按照产品材质的不同，可分为铝合金坡道、金刚砂坡道、碳纤维坡道等。临时坡道选用要点见表 7–5。

表 7-5 临时坡道选用要点

类型	图例	适用范围	规格特点	执行标准
门槛坡道		适用于高差小于 50mm 的门槛	规格可根据高差类型特殊定制，通常包括 ABS 工程塑料、橡胶以及木塑质材质	无
伸缩式便携坡道		适用于无法设置永久性坡道或场地条件受限，主要用于解决 150mm ~ 1 000mm 地面高差	规格可根据高差类型特殊定制，产品选用是应确保坡道伸缩操作方便，无卡滞，并应通过静载强度和疲劳强度试验，行驶面的摩擦系数不应小于 0.75	《轮椅车用便携式坡道》MZ/T 155—2020
折叠式便携坡道		适用于无法设置永久性坡道或场地条件受限，主要用于解决 150mm ~ 1 000mm 地面高差	规格可根据高差类型特殊定制，产品选用是应确保坡道伸缩操作方便，无卡滞，并应通过静载强度和疲劳强度试验，行驶面的摩擦系数不应小于 0.75	
组合式坡道		适用于解决临时搭建场所出入口地面高差	规格可根据高差类型特殊定制，产品选用应确保扶手与坡道连接的稳定性以及坡道行驶面的防滑性能	无

7.7 便溺产品

便溺产品主要包括公共建筑无障碍卫生间以及住宅卫生间中满足便溺功能的产品。坐便器按照安装方式可分为落地式和壁挂式。便溺产品选用要点见表 7–6。

表 7–6 便溺产品选用要点

<table>
<tr><th colspan="2">类型</th><th>图例</th><th>适用范围</th><th>规格特点</th><th>执行标准</th></tr>
<tr><td rowspan="2">坐便器</td><td>壁挂式</td><td></td><td>适用于卫生间空间有限的情况</td><td>可不受坐便器传统高度的尺寸限制，可根据老年人使用需求调节坐便器高度，避免老年人起身、下蹲都较为困难，从根本上杜绝由于排水管穿越楼板造成的渗漏，占地的面积相对比较小，使空间看起来更加宽阔</td><td rowspan="2">《卫生陶瓷》GB 6952—2015、《卫生洁具 智能坐便器》GB/T 34549—2017</td></tr>
<tr><td>落地式</td><td>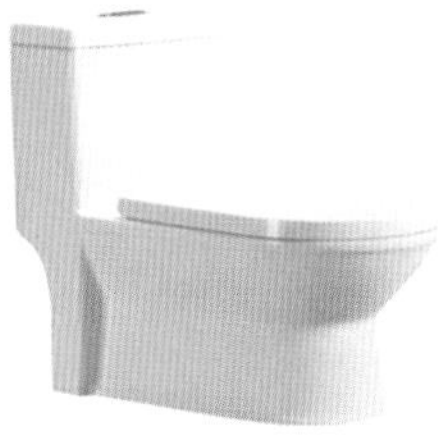</td><td></td><td>施工工序简单，冲水方式多</td></tr>
</table>

续表 7–6

类型	图例	适用范围	规格特点	执行标准
智能座圈		选用时应注意与坐便器的匹配性	温暖座圈不冰冷，水洗卫生	《卫生洁具智能坐便器》GB/T 34549—2017
坐便助力架	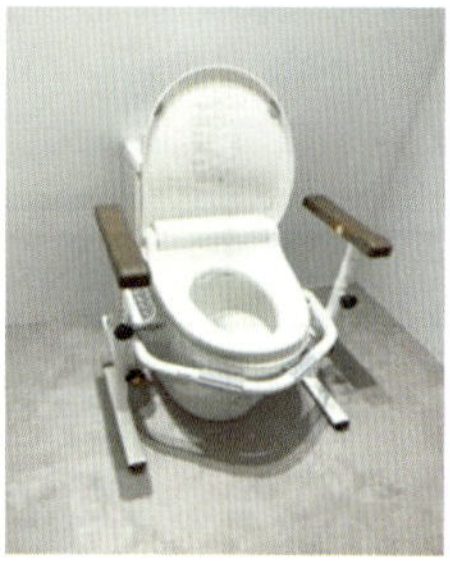	固定于坐便器上，便于老年人等障碍群体起身如厕	选用时应注意承载力和安装的稳定性	无
坐便器扶手	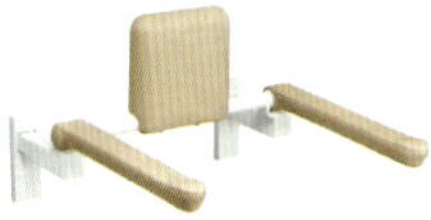	坐便器扶手可向上翻转，帮助老年人、残疾人起身如厕	选用时应注意与坐便器盖的匹配性	《卫生间便器扶手》JC/T 2120—2012
坐便器抓杆 一字型抓杆		适用于公共场所无障碍坐便器	材质通常有不锈钢质、尼龙质、PVC 材质三种，颜色通常有白色、黄色	《残疾人辅助器具 抓握杆》GB/T 22752—2008
坐便器抓杆 L 型抓杆	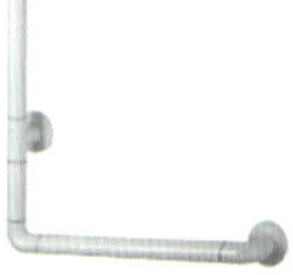	适用于公共场所无障碍坐便器	材质通常有不锈钢质、尼龙质、PVC 材质三种，颜色通常有白色、黄色	

续表 7–6

<table>
<tr><th colspan="2">类型</th><th>图例</th><th>适用范围</th><th>规格特点</th><th>执行标准</th></tr>
<tr><td rowspan="2">坐便器抓杆</td><td>上翻型抓杆</td><td>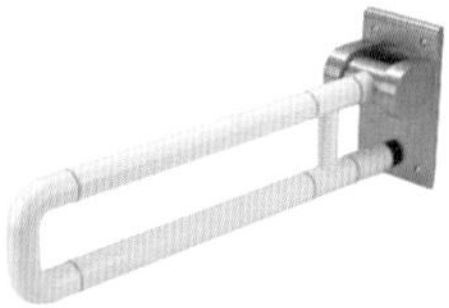</td><td>适用于公共场所无障碍坐便器</td><td>材质通常有不锈钢质、尼龙质、PVC 材质三种，颜色通常有白色、黄色</td><td rowspan="2">《残疾人辅助器具 抓握杆》GB/T 22752—2008</td></tr>
<tr><td>斜向抓杆</td><td></td><td>坐便器两侧应设置安全抓杆</td><td>安全抓杆的形式可选用 L 型、上翻型，也可根据项目需要定制斜 U 型或异型上翻抓杆</td></tr>
<tr><td rowspan="2">卷纸器</td><td>一档</td><td></td><td>广泛适用于公共卫生间、家庭卫生间</td><td rowspan="2">选用时应关注安装后的承载力和稳定性</td><td rowspan="2">无</td></tr>
<tr><td>两档</td><td>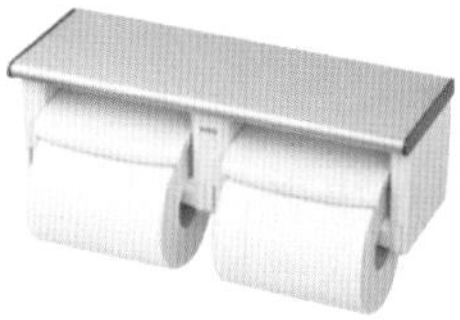</td><td>两档式卷纸器，减少频繁更换纸的麻烦，设置置物台和抓杆便于使用</td></tr>
</table>

续表 7–6

<table>
<tr><th colspan="2">类型</th><th>图例</th><th>适用范围</th><th>规格特点</th><th>执行标准</th></tr>
<tr><td rowspan="2">小便器</td><td>落地式</td><td></td><td rowspan="2">适用于公共无障碍厕所，小便器常与红外感应装置连用，以实现节水</td><td rowspan="2">小便器的选用应注意易清洗性和节水性</td><td rowspan="2">《卫生陶瓷》GB 6952—2015、《小便器水效限定值及水效等级》GB 28377—2019</td></tr>
<tr><td>壁挂式</td><td>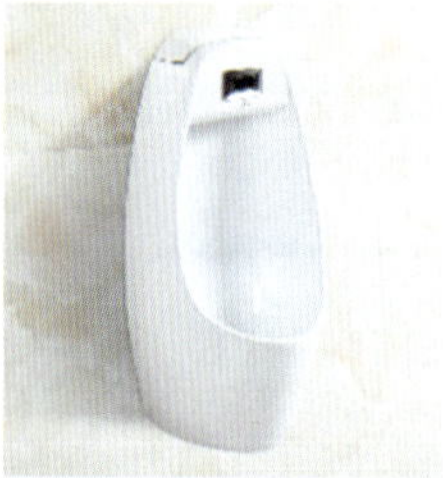</td></tr>
<tr><td colspan="2">小便器抓杆</td><td>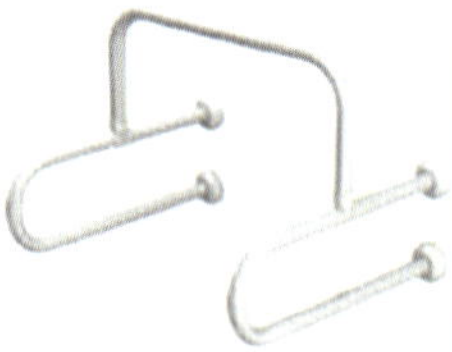</td><td>小便器抓杆的尺寸以及小便器的尺寸、冲水控制按钮直接影响着使用者的便利性和安全性</td><td>选用时应重点关注小便器抓杆尺寸应与小便器匹配</td><td>《卫生间便器扶手》JC/T 2120—2012</td></tr>
<tr><td colspan="2">人工造瘘清洗器</td><td>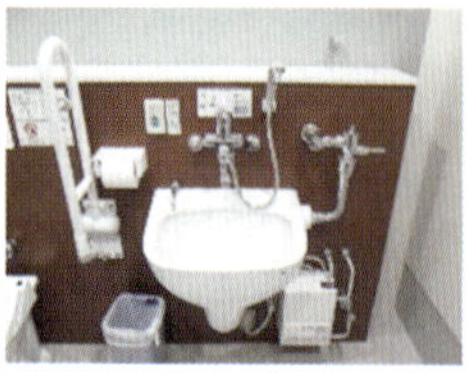</td><td>公共场所特别是医院应配置人工造瘘清洗池</td><td>为人工造瘘患者提供方便清洗的设备</td><td>无</td></tr>
</table>

7.8 盥洗产品

盥洗产品主要包括公共卫生间和住宅卫生间中满足盥洗功能的产品。按照产品形式，洗面器可分为台式、立柱式、壁挂式和柜式，水龙头可分为长柄式、分离式和感应式。盥洗产品选用要点见表 7–7。

表 7–7 盥洗产品选用要点

类型		图例	适用范围	规格特点	执行标准
洗面器	台式	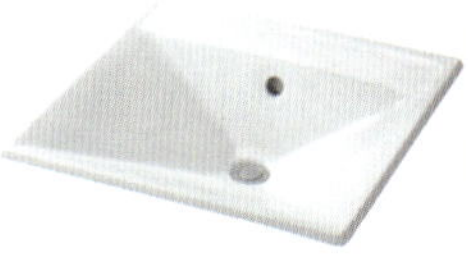	适用于公共建筑	选用时应关注安装孔和安装面尺寸	《卫生陶瓷》GB 6952—2015
	立柱式	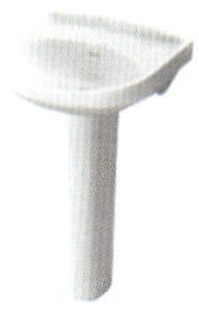	适用于公共建筑	安装方便	
	壁挂式		适用于公共建筑	壁挂式洗面器应承受 1.1kN 的荷重	
	柜式		适用于公寓、住宅等项目	采用柜式洗面器时应注意乘轮椅者的容膝空间	《卫生陶瓷》GB 6952—2015、《卫浴家具》GB 24977—2010

续表 7–7

类型		图例	适用范围	规格特点	执行标准
洗面器抓杆	台面式		适用于有台面的洗面器	选用时应关注抓杆与洗面器尺寸的匹配度	《卫生间便器扶手》JC/T 2120—2012
	壁挂式		适用于立柱式洗面器	选用时应关注抓杆与洗面器尺寸的匹配度	《残疾人辅助器具 抓握杆》GB/T 22752—2008
斜面镜柜			适用于公寓、住宅等项目	宜选用可调角度的镜柜，满足乘轮椅者的使用需求	《卫浴家具》GB 24977—2010
水龙头	长柄式龙头		适用于公共建筑卫生间	长柄式龙头便于上肢障碍者操作，选用时应注意长柄式水龙头的使用寿命	《不锈钢水龙头》GB/T 35763—2017

续表 7-7

类型		图例	适用范围	规格特点	执行标准
水龙头	分离式龙头	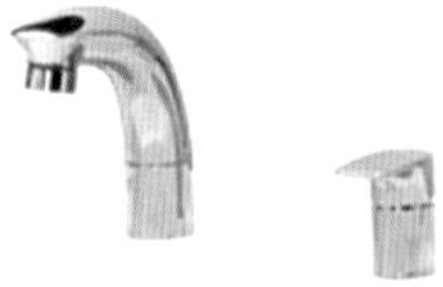	适用于公共建筑卫生间	分离式龙头便于乘轮椅者操作，转动水龙头应轻松无阻	《不锈钢水龙头》GB/T 35763—2017
	感应式龙头		适用于公共建筑卫生间	选用时应关注其感应灵敏度，感应式水龙头由于它不需要人体直接接触，可有效防止细菌交叉感染；自动出水和自动关闭的功能，可以有效地节约用水，同时也可以防止老年人由于健忘而忘记关闭水龙头	
干手器	高速型	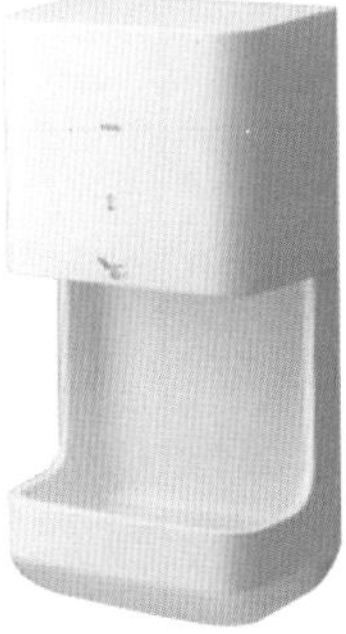	适用于无障碍卫生间，乘轮椅者不必在洗手后用湿手操作轮椅	安装时应考虑乘轮椅者的使用便利性，安装高度可根据乘轮椅者和儿童的使用情况确定	无

7.9 洗浴产品

洗浴产品包括淋浴器、淋浴座椅、恒温龙头、防滑垫等。洗浴产品选用要点见表 7–8。

表 7–8 洗浴产品选用要点

类型	图例	适用范围	规格特点	执行标准
坐式淋浴器	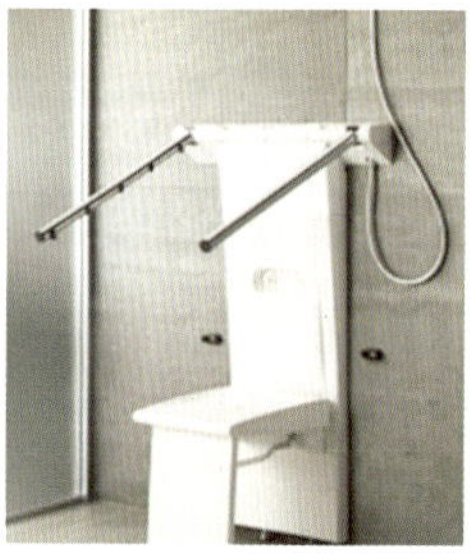	适用于住宅卫生间	解决普通淋浴需要长时间站立的体力消耗问题，避免浴缸泡澡的安全性及浴后清洁问题	无
机械浴缸	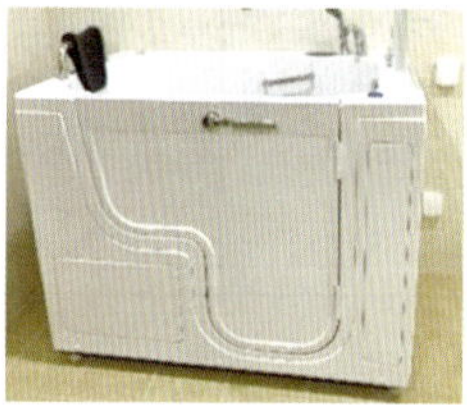	根据浴室的空间尺寸，合理选用浴缸	选用时应关注浴缸的防滑性、防臭装置和密封性。材质宜选用亚克力材质	《无障碍开门喷水按摩浴缸》QB/T 4769—2014
恒温龙头		适用于公共浴室和住宅卫生间	选用时应关注出水温度的稳定性，使用方便，水温恒定	《数控恒温水嘴》GB/T 24293—2009

续表 7-8

类型	图例	适用范围	规格特点	执行标准
花洒		花洒的种类主要有三种：手持花洒、头顶花洒和侧喷花洒	淋浴软管的长度不应小于 1 500mm。花洒选用时应关注安全性能高、操控方法简便、出水量稳定	《卫生洁具 淋浴用花洒》GB/T 23447—2009、《卫生洁具 软管》GB/T 23448—2019
防滑垫		适用于公共浴室和住宅卫生间	浴室所处的环境是潮湿的，因此浴室防滑垫应易于清洗	《橡胶防滑垫》CB 3100—1981
条形地漏		适用于公共浴室	条形地漏能有效阻止洗澡时水流从淋浴区留出，产品选用时应注意水封类型	《地漏》GB/T 27710—2020
淋浴座椅 壁挂式	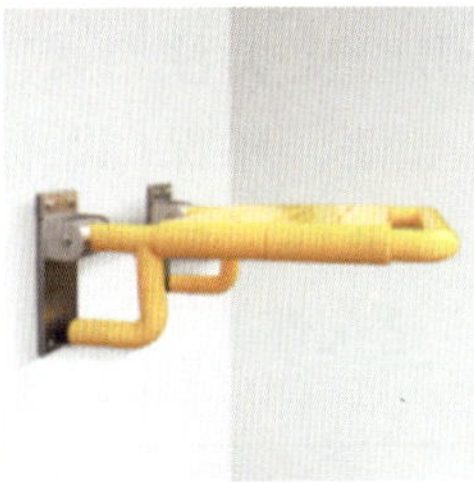	安装于墙壁，可折叠，节省空间	竖向承载力不应低于 1 000N	无
淋浴座椅 移动式		适用于公共浴室	具有可折叠功能，便于收纳	《淋浴辅助器具 淋浴椅》MZ/T 119—2018

7.10 母婴产品

本节所述母婴产品主要为多功能卫生间或母婴室的相关配置。母婴产品选用要点见表 7–9。

表 7–9 母婴产品选用要点

类型	图例	适用范围	规格特点	执行标准
婴儿座椅	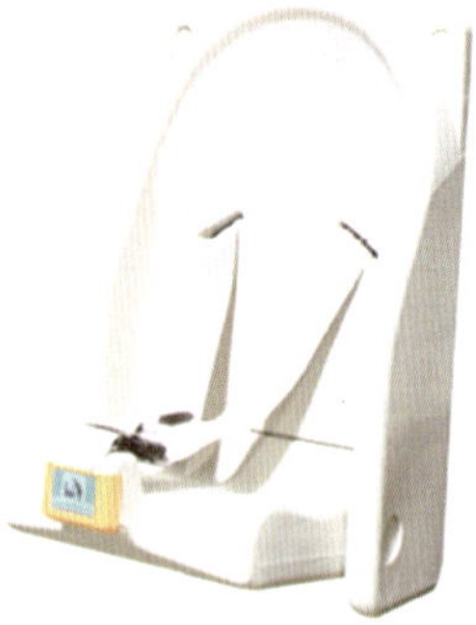	适用于无障碍卫生间及母婴室	选用时应关注其安全性、环保性、健康性、耐久性、适配性	无
多功能台	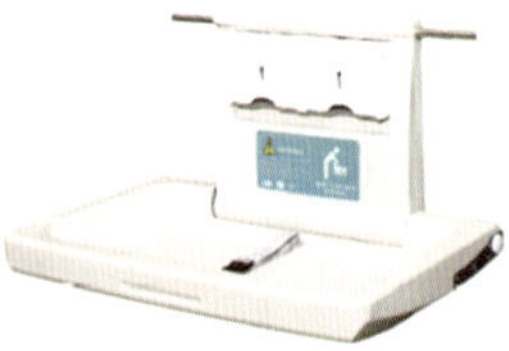	适用于无障碍卫生间及母婴室	选用时应关注其安全性、环保性、健康性、耐久性、适配性	《无障碍设计规范》GB 50763—2012
更衣板		适用于无障碍卫生间及母婴室，可伸缩，便于支撑婴儿穿脱衣服和换裤型纸尿裤	选用时在墙壁安装扶手可以稳定婴儿的身体，便于换衣服	无

7.11　炊事产品

炊事产品选用要点见表 7–10。

表 7–10　炊事产品选用要点

类型	图例	适用范围	规格特点	执行标准
升降式拉篮		对于乘轮椅者而言，厨房家具的尺寸应满足可接近性和便利性要求	厨房吊柜宜选用升降式拉篮，方便老年人等障碍群体拿取物品	《住宅厨房及相关设备基本参数》GB/T 11228—2008、《住宅厨房家具及厨房设备模数系列》JG/T 219—2017
厨房设备		燃气热水器、燃气灶具、吸油烟机的设计应满足乘轮椅者和使用拐杖人群的便利使用要求	吸油烟机的开关宜为低位式开关，燃气热水器的阀门及观察孔高度要适合拄杖者或乘轮椅者使用	《适用于老年人的家用电器通用技术要求》GB/T 40443—2021

7.12 智能化产品

智能化产品选用要点见表 7-11。

表 7-11 智能化产品选用要点

类型	图例	适用范围	规格特点	执行标准
紧急呼叫装置		适用于老年人照料设施、公共建筑无障碍卫生间等场所	具有紧急报警触发功能，外壳应选用高抗冲击材料，坚固、耐用	《养老服务智能化系统技术标准》JGJ/T 484—2019
烟雾报警器	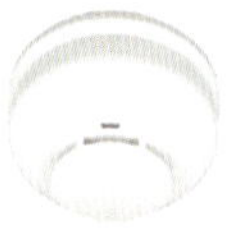	用于监测室内烟雾	应具有防潮防尘、防外界光线干扰功能	《火灾自动报警系统设计规范》GB 50116—2013
可燃气体探测器		用于监测可燃气泄漏，检测气体类型主要包括天然气、液化气等	选用时应关注其传输方式以及灵敏度	《养老服务智能化系统技术标准》JGJ/T 484—2019
水浸检测器		用于监测室内渗水漏水	选用时应关注其传输方式以及灵敏度	

续表 7–11

类型	图例	适用范围	规格特点	执行标准
门窗磁探测器		用于监控各类门、窗的开关状态，门窗非法打开时将第一时间发送报警信息	选用时应关注其传输方式及工作电源	《养老服务智能化系统技术标准》JGJ/T 484—2019
活动监测器		用于探测移动物体，及时报警	选用时应关注其传输方式及灵敏度	
闪光振动门铃	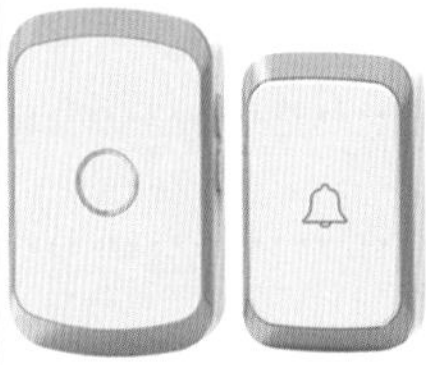	适用于视觉或听觉障碍者使用	具有语音、闪光、振动提示功能，抗干扰能力强	《视频安防监控系统工程设计规范》GB 50395—2007

附录A　表格索引

附录B　插图索引

参 考 文 献

[1] 住房和城乡建设部标准定额司. 无障碍建设指南. 北京：中国建筑工业出版社，2009.

[2] 中国建筑标准设计研究院. 国家建筑标准设计图集，无障碍设计，12J926. 北京：中国计划出版社，2013.

[3] 天津市住房和城乡建设委员会. 京津冀区域协同工程建设图集，母婴室设计指导性图集，津 20J24.

[4] 中国建筑标准设计研究院. 国家建筑标准设计图集，老年人居住建筑，15J923. 北京：中国计划出版社，2016.

[5] 住房和城乡建设部标准定额研究所，中国中建设计集团有限公司. 无障碍设施建设图集. 北京：中国计划出版社，2019.